抽水蓄能电站安全设施标准化图册

（专用篇）

国家电网有限公司　编

中国电力出版社
CHINA ELECTRIC POWER PRESS

图书在版编目（CIP）数据

抽水蓄能电站安全设施标准化图册 . 专用篇 / 国家电网有限公司编 . — 北京：中国电力出版社，2024.2
ISBN 978-7-5198-8204-4

Ⅰ . ①抽…　Ⅱ . ①国…　Ⅲ . ①抽水蓄能水电站—安全设备—标准化管理—图集　Ⅳ . ① TV743-64

中国国家版本馆 CIP 数据核字（2023）第 191657 号

出版发行：中国电力出版社
地　　　址：北京市东城区北京站西街 19 号（邮政编码 100005）
网　　　址：http://www.cepp.sgcc.com.cn
责任编辑：赵鸣志（010-63412385） 马雪倩
责任校对：黄　蓓　王海南
装帧设计：王红柳
责任印制：吴　迪

印　　　刷：三河市万龙印装有限公司
版　　　次：2024 年 2 月第一版
印　　　次：2024 年 2 月北京第一次印刷
开　　　本：787 毫米 ×1092 毫米　16 开本
印　　　张：9.5
字　　　数：226 千字
印　　　数：0001—2000 册
定　　　价：70.00 元

编委会

主　任	潘敬东	
副主任	孟庆强	
委　员	刘永奇　郭　炬　吴　骏　乐振春	

编写组

组　长	王胜军
副组长	陈海波　张学清　于　辉　刘　薇　刘　英　张志江
组　员	苏　丛　黄　坤　王　凯　许　力　魏春雷　茹松楠
	高国庆　晏　飞　杨庆业　宋嘉城　李乐征　曹春春
	黄志超　罗　胤　张记坤　谢巨龙　范东飞　周献森

编写单位

主编单位	国家电网有限公司
参编单位	国网新源集团有限公司
	山西浑源抽水蓄能有限公司
	广州健新科技有限责任公司
	浙江宁海抽水蓄能有限公司
	浙江缙云抽水蓄能有限公司
	安徽桐城抽水蓄能有限公司
	河南洛宁抽水蓄能有限公司
	山东文登抽水蓄能有限公司
	江苏句容抽水蓄能有限公司
	安徽金寨抽水蓄能有限公司
	湖南平江抽水蓄能有限公司
	福建厦门抽水蓄能有限公司
	河北丰宁抽水蓄能有限公司
	内蒙古赤峰抽水蓄能有限公司
	山东泰山抽水蓄能电站有限责任公司

为深入贯彻习近平总书记关于安全生产的一系列重要指示批示精神，严格落实党中央、国务院和相关部委安全生产决策部署，牢固树立"人民至上、生命至上"理念，坚持"安全第一、预防为主、综合治理"安全生产方针，执行国家电网有限公司安全生产标准化建设要求，落实抽水蓄能建设安全质量管控"六强化四提升"工作意见，大力推进抽水蓄能电站工程安全设施标准化建设，提升设备设施本质安全和作业环境器具标准化水平，国家电网有限公司编制了《抽水蓄能电站安全设施标准化图册（专用篇）》[以下简称《图册（专用篇）》]。

《图册（专用篇）》遵循"科学规范、简洁实用、经济合理、创新引领"原则，充分吸纳水电、建筑行业标准化建设方面的最新规范、要求，充分考虑国家电网有限公司抽水蓄能电站工程实践和相关创新成果，采用图文结合的形式编制形成。《图册（专用篇）》包括：典型施工场景安全设施标准化、生活办公区域标准化、智慧工地基础设施标准化三部分。

《图册（专用篇）》是国家电网有限公司抽水蓄能电站工程建设安全管理的重要指南文件，用以指导和规范抽水蓄能建设现场的安全文明施工，实现现场安全设施标准化、个人防护用品标准化、设施布置标准化、安全行为规范化和环境影响最小化，有利于规范安全设施配置、营造安全建设氛围、促进形成安全文化，对规范现场行为、控制安全风险、防范安全事故具有重要意义，是规模化建设新形势下提升安全工作水平的重要举措，将进一步筑牢安全生产基础，推动抽水蓄能建设"六精四化"上台阶，促进国家电网有限公司抽水蓄能高质量发展取得新成效。

编者

2023 年 12 月

前言

第1章 典型施工场景安全设施标准化 ················· 1

　1.1 单体防护设施 ················· 1

　1.2 场内道路工程 ················· 13

　1.3 隧洞工程 ················· 21

　1.4 竖井工程 ················· 31

　1.5 斜井工程 ················· 35

　1.6 大坝工程 ················· 43

　1.7 机电工程 ················· 45

　1.8 砂石料生产系统 ················· 61

　1.9 混凝土拌合系统 ················· 65

　1.10 隧道掘进机施工安全设施 ················· 69

第2章 生活办公区域标准化 ················· 77

　2.1 大门 ················· 77

　2.2 会议室 ················· 78

　2.3 办公室 ················· 79

　2.4 档案室 ················· 80

　2.5 生活区宿舍 ················· 81

　2.6 厨房及食堂 ················· 82

第3章 智慧工地基础设施标准化 ················· 84

　3.1 安全体验馆 ················· 84

　3.2 安全培训系统 ················· 86

　3.3 人员设备准入管理 ················· 87

　3.4 基建智慧管控中心 ················· 88

　3.5 危险源监测系统 ················· 95

　3.6 安全风险智能管控 ················· 102

　3.7 安全巡检系统 ················· 103

　3.8 大坝碾压监控 ················· 104

　3.9 灌浆监测 ················· 105

抽水蓄能电站安全设施标准化图册（专用篇）

目录

附录 A   安全标志制作规范 ································· **108**

    A.1   安全标志的种类划分 ································· 108

    A.2   安全标志的设置规范 ································· 108

    A.3   安全标志牌的使用要求 ······························· 108

附录 B   安全标志设置说明 ································· **110**

    B.1   禁止标志 ··· 110

    B.2   警告标志 ··· 114

    B.3   指令标志 ··· 118

    B.4   提示标志 ··· 119

附录 C   消防标志设置说明 ································· **121**

    C.1   火灾报警装置标志 ································· 121

    C.2   紧急疏散逃生标志 ································· 122

    C.3   灭火设备标志 ····································· 122

    C.4   组合标志 ··· 123

    C.5   其他常用消防标志 ································· 124

附录 D   交通标志设置说明 ································· **126**

    D.1   警告标志 ··· 127

    D.2   禁令标志 ··· 133

    D.3   指示标志 ··· 139

附录 E   引用文件 ··· **144**

抽水蓄能电站安全设施标准化图册（专用篇）

第 1 章

典型施工场景安全设施标准化

抽水蓄能电站参建单位应根据《国家电网有限公司水电工程建设安全文明施工设施达标管理办法》要求，针对不同施工阶段的特点和安全防护要求，结合现场实际情况，开展典型施工场景的安全防护设施配置。

通过安全文明施工设施标准化建设配置，规范安全作业环境，逐步实现安全设施标准化、个人防护用品标准化、现场布置标准化、作业行为规范化和环境影响最小化，以规范现场行为和现场设施，保障抽水蓄能电站工程建设安全文明施工水平。

1.1 单体防护设施

1.1.1 空气压缩机房

1. 布置要求

（1）空气压缩机房的设计要基于保证安全生产、保护环境、节约能源的总体要求，各参建单位应基于施工现场实际需要进行设置。

（2）空气压缩机机房应尽量选择在凉爽、干净、通风良好的地方。

（3）空气压缩机机房布置应具有良好的排污系统。

（4）空气压缩机与周围墙壁或其他设备之间要保持 1500mm 以上距离，以方便空气压缩机检查与维修。

（5）空气压缩机房外墙材质应考虑地域差异并根据现场实际情况进行选择。

2. 参考图例

空气压缩机棚防护设施标准化示例图如图 1-1 所示，空气压缩机安全文明施工设施标准化建设典型设计配置表见表 1-1。

图 1-1　空气压缩机棚防护设施标准化示例图

表 1-1　　　　　　　　　空气压缩机安全文明施工设施标准化建设典型设计配置表

安全设施	安全文明施工设施标准化建设典型设计	数量	尺寸与材质
空气压缩机	空气压缩机房铭牌	1	（1）面板尺寸：300mm（长）×200mm（宽）。 （2）面板采用 3mm 厚铝板制作，面板文字（或图画）贴膜为车身贴覆亚膜或优质宝丽布，油墨喷绘
	当心触电标志牌	1	（1）警告标志牌的基本形式是一长方形衬底牌，上方是正三角形警告标志，下方为矩形补充标志，图形上、中、下间隙相等。 （2）警告标志牌的长方形衬底为白色，正三角形及标志符号为黑色（黑－K100），衬底为黄色（黄－Y100），矩阵形补充标志为黑框黑体字，字为黑色，白色衬底。 （3）可根据现场情况采用甲、乙、丙或丁种规格，参数可根据现场实际情况等比例缩放。 （4）材质采用 3mm 铝板做底；发光、丝网印刷做面
	未经许可　禁止入内标志牌	1	（1）禁止标志牌的基本形式是一长方形衬底牌，上方的圆形带斜杠的禁止标志，下方为矩形补充标志，图形上、中、下间隙，左右间隙相等。中间线斜度 α=45°。 （2）禁止标志牌的衬底为白色，圆形斜杠为红色（红－M100 Y100），禁止标志符号为黑色（黑－K100），补充标志为红底黑字，字体为黑体。 （3）可根据现场情况采用甲、乙、丙或丁种规格，参数可根据现场实际情况等比例缩放。 （4）材质采用 3mm 铝板做底；发光、丝网印刷做面
	设备操作规程牌	1	（1）面板尺寸：800mm（长）×1000mm（高）。 （2）材质采用 20mm×20mm 方钢龙骨架，2A 布精喷画面，四周扣灰边

安全设施	安全文明施工设施标准化建设典型设计	数量	尺寸与材质
空气压缩机	设备巡检提示牌	1	（1）面板尺寸：800mm（长）×1000mm（高）。 （2）面板采用 3mm 厚铝板制作，面板文字（或图画）贴膜为车身贴覆亚膜或优质宝丽布，油墨喷绘

1.1.2　发电机房

1. 布置要求

（1）发电机的设计要基于保证安全生产、保护环境、节约能源、改善劳动条件，做到经济合理，各参建单位应基于施工现场需要参考设置。

（2）发电机房应保持消防设施完好，机房内的通风、照明良好，机房内一切电气设备应可靠接地。机房内不得有不相关的物品。禁止堆放易燃易爆物品和腐蚀性物品。机房钥匙不得随意配制，无关人员不得随意借用钥匙及进出。

（3）发电机房严格执行禁火制度，禁止吸烟和动火。

（4）具备条件时可采用智能微网电站。智能微网电站是针对临时用电、应急供电和保电备电场景用户开发的新一代供电系统，由一台 300kW 柴油发电机组和一套 250kWh 储能系统、能量管理系统（EMS）和智能运维监控云平台等部分构成。智能微网电站的柴储混合模式能够使设备始终保持最佳经济运行状态，配有的智能运维监控云平台还能极大减轻现场的运维压力。

（5）发电机房外墙材质应考虑地域差异并根据现场实际情况进行选择。

2. 参考图例

发电机房安全文明施工设施标准化建设典型设计配置表见表 1-2，发电机房防护设施标准化示例图如图 1-2 所示，微网智能电站防护设施标准化示例图如图 1-3 所示。

表 1-2　　　　　　　　发电机房安全文明施工设施标准化建设典型设计配置表

安全设施	安全文明施工设施标准化建设典型设计	数量	尺寸与材质
发电机房	发电机房铭牌	1	（1）面板尺寸：300mm（长）×200mm（宽）。 （2）面板采用 3mm 厚铝板制作，面板文字（或图画）贴膜为车身贴覆亚膜或优质宝丽布，油墨喷绘
	未经许可　禁止入内标志牌	1	（1）禁止标志牌的基本形式是一长方形衬底牌，上方的圆形带斜杠的禁止标志，下方为矩形补充标志，图形上、中、下间隙，左右间隙相等。中间线斜度 $\alpha=45°$。 （2）禁止标志牌的衬底为白色，圆形斜杠为红色（红 -M100 Y100），禁止标志符号为黑色（黑 -K100），补充标志为红底黑字，字体为黑体。

安全设施	安全文明施工设施标准化建设典型设计	数量	尺寸与材质
发电机房	禁止烟火标志牌	1	（3）可根据现场情况采用甲、乙、丙或丁种规格，参数可根据现场实际情况等比例缩放。 （4）材质采用 3mm 铝板做底；发光、丝网印刷做面
	设备操作规程牌	1	（1）面板尺寸：800mm（长）×1000mm（高）。 （2）材质采用 20mm×20mm 方钢龙骨架，2A 布精喷画面，四周扣灰边
	设备巡检提示牌	1	（1）面板尺寸：800mm（长）×1000mm（高）。 （2）面板采用 3mm 厚铝板制作，面板文字（或图画）贴膜为车身贴覆亚膜或优质宝丽布，油墨喷绘

图 1-2　发电机房防护设施标准化示例图

图 1-3　微网智能电站防护设施标准化示例图

1.1.3 配电箱防护棚

1. 布置要求

（1）配电箱应布置在干燥、通风及常温场所，不得装设在有严重损伤作用的瓦斯、烟气、潮气及其他有害介质中，不得装设在易受外来固体撞击、强烈振动、液体倾斜及热源烘烤场所。配电箱的外形结构应能防雨、防尘。

（2）配电箱应加锁保护，防止非电工的施工人员私自操作配电箱。

2. 参考图例

配电箱安全文明施工设施标准化建设典型设计配置表见表1-3，配电箱防护棚防护设施标准化示例图如图1-4所示。

表1-3　　　　　　　　　配电箱安全文明施工设施标准化建设典型设计配置表

安全设施	安全文明施工设施标准化建设典型设计	数量	尺寸与材质
配电箱	止步　高压危险标志牌	1	（1）警告标志牌的基本形式是一长方形衬底牌，上方是正三角形警告标志，下方为矩形补充标志，图形上、中、下间隙相等。 （2）警告标志牌的长方形衬底为白色，正三角形及标志符号为黑色（黑-K100），衬底为黄色（黄-Y100），矩阵形补充标志为黑框黑体字，字为黑色，白色衬底。 （3）可根据现场情况采用甲、乙、丙或丁种规格，参数可根据现场实际情况等比例缩放。 （4）材质采用3mm铝板做底；发光、丝网印刷做面
	当心触电标志牌	1	
	未经许可　禁止入内标志牌	1	（1）禁止标志牌的基本形式是一长方形衬底牌，上方的圆形带斜杠的禁止标志，下方为矩形补充标志，图形上、中、下间隙，左右间隙相等。中间线斜度 α=45°。 （2）禁止标志牌的衬底为白色，圆形斜杠为红色（红-M100 Y100），禁止标志符号为黑色（黑-K100），补充标志为红底黑字，字体为黑体。 （3）可根据现场情况采用甲、乙、丙或丁种规格，参数可根据现场实际情况等比例缩放。 （4）材质采用3mm铝板做底；发光、丝网印刷做面
	配电箱责任牌	1	（1）面板尺寸：300mm（长）×200mm（宽），其中施工单位名称字体高度为70mm。可等比调整，但同一管辖范围或区域应采用统一尺寸。 （2）面板为3mm厚铝板，面板文字（或公司标）贴膜为优质宝丽布，文字或图画喷绘应清晰
	配电柜防护棚	1	（1）电源柜防护棚尺寸宜为2000mm（长）×1500mm（宽）×1700mm（高）。 （2）柜体采用优质冷轧钢板制作，钢板厚度应为1.2～2mm，箱体表面应做防腐处理，柜体颜色为国网灰。 （3）防护棚棚顶采用彩钢瓦840-476型号；防护棚骨架采用40mm×40mm矩管；防护棚围栏采用25mm×25mm矩管

续表

安全设施	安全文明施工设施标准化建设典型设计	数量	尺寸与材质
配电箱	禁止阻塞线	—	（1）禁止阻塞线采用由左下向右上侧呈45°，黄色与黑色相间的等宽条纹，宽度为50～150mm，长度不小于禁止阻塞物1.1倍，宽度不小于禁止阻塞物1.5倍。 （2）黄色划线漆，条件允许情况下设置荧光禁止阻塞线，避免因断电发生意外事故

图1-4　配电箱防护棚防护设施标准化示例图

1.1.4　预装式变电站

1. 布置要求

（1）预装式变电站布置地点不允许有强烈振动和冲击，不允许有较大的电磁感应强度，对于箱式变压器地埋线路，应布置好各回路出线的敷设路径，并满足对地下设施的安全距离，且不影响供电区长远发展。

（2）预装式变电站周围不得布置有爆炸危险属性的设备设施，周围介质中不能含有腐蚀金属与破坏绝缘的气体及导电介质。

（3）预装式变电站布置周围应设置避雷针，并保证设备在其安全保护范围之内，在预制地基前应首先埋好接地网，箱体就位后，应将箱体接地端子与之接牢。

2. 参考图例

预装式变电站安全文明施工设施标准化建设典型设计配置表见表1-4，预装式变电站防护设施标准化示例图如图1-5所示。

表 1-4 预装式变电站安全文明施工设施标准化建设典型设计配置表

安全设施	安全文明施工设施标准化建设典型设计	数量	尺寸与材质
预装式变电站	预装式变电站铭牌	1	（1）面板尺寸：300mm（长）×200mm（宽）。 （2）面板采用3mm厚铝板制作，面板文字（或图画）贴膜为车身贴覆亚膜或优质宝丽布，油墨喷绘
	止步 高压危险标志牌	1	（1）警告标志牌的基本形式是一长方形衬底牌，上方是正三角形警告标志，下方为矩形补充标志，图形上、中、下间隙相等。 （2）警告标志牌的长方形衬底为白色，正三角形及标志符号为黑色（黑-K100），衬底为黄色（黄-Y100），矩阵形补充标志为黑框黑体字，字为黑色，白色衬底。 （3）可根据现场情况采用甲、乙、丙或丁种规格，参数可根据现场实际情况等比例缩放。 （4）材质采用3mm铝板做底；发光、丝网印刷做面
	未经许可 禁止入内标志牌	1	（1）禁止标志牌的基本形式是一长方形衬底牌，上方的圆形带斜杠的禁止标志，下方为矩形补充标志，图形上、中、下间隙，左右间隙相等。中间线斜度 α=45°。 （2）禁止标志牌的衬底为白色，圆形斜杠为红色（红-M100 Y100），禁止标志符号为黑色（黑-K100），补充标志为红底黑字，字体为黑体。 （3）可根据现场情况采用甲、乙、丙或丁种规格，参数可根据现场实际情况等比例缩放。 （4）材质采用3mm铝板做底；发光、丝网印刷做面
	禁止跨越安全标志牌	1	
	接地装置警示线	1	（1）尺寸垂直接地体的间距一般不小于5000mm，接地体顶面埋深不宜小于600mm。 （2）材质采用热镀锌扁钢、钢管或光面圆钢，不得采用螺纹钢和铝材

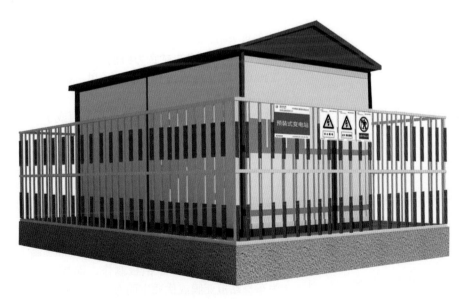

图 1-5 预装式变电站防护设施标准化示例图

1.1.5 双筒绞车操作间

1. 布置要求

（1）绞车应配有液压推动制动和钳盘制动两套系统，同时应配置限位器、超速器、限载装置、排绳器、过负荷保护、过电流保护、通信信号、紧急安全开关等设备设施，所有电器应为防水型产品。

（2）双筒绞车的布置应保持齐全、灵活、可靠，做到正确使用。绞车现场设置绞车操作室，室内粘贴绞车操作规程，对绞车操作人员信息进行公示。

2. 参考图例

双筒绞车安全文明施工设施标准化建设典型设计配置表见表1-5，双筒绞车操作间防护设施标准化示例图如图1-6所示。

表1-5　　　　　　　　双筒绞车安全文明施工设施标准化建设典型设计配置表

安全设施	安全文明施工设施标准化建设典型设计	数量	尺寸与材质
双筒绞车	双筒绞车铭牌	1	（1）面板尺寸：300mm（长）×200mm（宽）。 （2）面板采用3mm厚铝板制作，面板文字（或图画）贴膜为车身贴覆亚膜或优质宝丽布，油墨喷绘
	当心机械伤人标志牌	1	（1）长方形衬底牌，上方是正三角形警告标志，下方为矩形补充标志，图形上、中、下间隙相等。 （2）警告标志牌的长方形衬底为白色，正三角形及标志符号为黑色（黑-K100），衬底为黄色（黄-Y100），矩阵形补充标志为黑框黑体字，字为黑色，白色衬底。 （3）可根据现场情况采用甲、乙、丙或丁种规格，参数可根据现场实际情况等比例缩放。 （4）材质采用3mm铝板做底；发光、丝网印刷做面
	未经许可　禁止入内标志牌	1	（1）长方形衬底牌，上方的圆形带斜杠的禁止标志，下方为矩形补充标志，图形上、中、下间隙，左右间隙相等。中间线斜度α=45°。 （2）禁止标志牌的衬底为白色，圆形斜杠为红色（红-M100 Y100），禁止标志符号为黑色（黑-K100），补充标志为红底黑字，字体为黑体。 （3）可根据现场情况采用甲、乙、丙或丁种规格，参数可根据现场实际情况等比例缩放。 （4）材质采用3mm铝板做底；发光、丝网印刷做面
	禁止倚靠标志牌	1	
	设备操作规程牌	1	（1）面板尺寸：800mm（长）×1000mm（高）。 （2）材质采用20mm×20mm方钢龙骨架，2A布精喷画面，四周扣灰边
	设备巡检提示牌	1	（1）面板尺寸：800mm（长）×1000mm（高）。 （2）面板采用3mm厚铝板制作，面板文字（或图画）贴膜为车身贴覆亚膜或优质宝丽布，油墨喷绘
	绞车应急处置牌	1	

续表

安全设施	安全文明施工设施标准化建设典型设计	数量	尺寸与材质
双筒绞车	禁止阻塞线	—	（1）禁止阻塞线采用由左下向右上侧呈45°，黄色与黑色相间的等宽条纹，宽度为50～150mm，长度不小于禁止阻塞物1.1倍，宽度不小于禁止阻塞物1.5倍。 （2）黄色划线漆，条件允许情况下设置荧光禁止阻塞线，避免因断电发生意外事故
	防撞警示线	—	（1）采用由左下向右上侧呈45°黄色与黑色相间的等宽条纹，宽度为50～150mm（圆柱体采用无斜角环形条纹）。 （2）黄色及黑色线漆，条件允许的情况下设置荧光防止碰撞标识，避免因断电发生意外事故

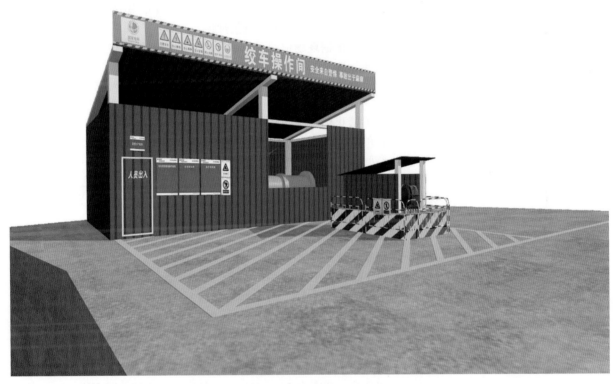

图1-6　双筒绞车操作间防护设施标准化示例图

1.1.6　物料提升系统

1. 布置要求

（1）物料提升系统布置使用前应对吊篮的安全门、钢丝绳、限位装置，联络信号进行检查，要求齐全完好，灵敏牢靠。

（2）物料提升系统钢结构的设计，应满足制造、运输、安装、使用等各种条件下的强度、刚度和稳定性要求，其结构计算应符合 GB 50017《钢结构设计标准》的规定。

（3）物料提升系统提升机结构所用的材质，应符合国家相关标准和本书的要求，并应根据规定进行材质试验。

（4）物料提升系统布置应具有安全停靠装置或断绳保护装置并满足施工要求。

2. 参考图例

物料提升系统安全文明施工设施标准化建设典型设计配置表见表 1-6，物料提升系统防护设施标准化示例图如图 1-7 所示。

表 1-6　　　　物料提升系统安全文明施工设施标准化建设典型设计配置表

安全设施	安全文明施工设施标准化建设典型设计	数量	尺寸与材质
物料提升系统	当心坠落标志牌	1	（1）警告标志牌的基本形式是一长方形衬底牌，上方是正三角形警告标志，下方为矩形补充标志，图形上、中、下间隙相等。 （2）警告标志牌的长方形衬底为白色，正三角形及标志符号为黑色（黑 -K100），衬底为黄色（黄 -Y100），矩阵形补充标志为黑框黑体字，字为黑色，白色衬底。 （3）可根据现场情况采用甲、乙、丙或丁种规格，参数可根据现场实际情况等比例缩放。 （4）材质采用 3mm 铝板做底；发光、丝网印刷做面
	禁止倚靠标志牌	1	（1）禁止标志牌的基本形式是一长方形衬底牌，上方的圆形带斜杠的禁止标志，下方为矩形补充标志，图形上、中、下间隙，左右间隙相等。中间线斜度 α=45°。 （2）禁止标志牌的衬底为白色，圆形斜杠为红色（红 -M100 Y100），禁止标志符号为黑色（黑 -K100），补充标志为红底黑字，字体为黑体。 （3）可根据现场情况采用甲、乙、丙或丁种规格，参数可根据现场实际情况等比例缩放。 （4）材质采用 3mm 铝板做底；发光、丝网印刷做面
	禁止跨越标志牌	1	
	井口防护围栏	—	（1）尺寸据现场实际而定。 （2）立杆、扶手、横杆、栏杆等材质采用 Q235（碳素结构钢）
	禁止阻塞线	—	（1）禁止阻塞线采用由左下向右上侧呈 45°，黄色与黑色相间的等宽条纹，宽度为 50～150mm，长度不小于禁止阻塞物 1.1 倍，宽度不小于禁止阻塞物 1.5 倍。 （2）黄色划线漆，条件允许情况下设置荧光禁止阻塞线，避免因断电发生意外事故
	防撞警示线	—	（1）防止碰撞标识采用由左下向右上侧呈 45°黄色与黑色相间的等宽条纹，宽度为 50～150mm（圆柱体采用无斜角环形条纹）。 （2）黄色及黑色线漆，条件允许的情况下设置荧光防止碰撞标识，避免因断电发生意外事故

图 1-7　物料提升系统防护设施标准化示例图

1.1.7　值班室及门禁系统

1. 布置要求

（1）值班室及门禁系统布置应满足施工现场所有出入人员信息管理需要。

（2）值班室门禁系统布置后，应做好日常维护和完好性检查，确保该系统安全性和保障性完好。各参建单位按实际施工要求参照布置。

2. 参考图例

值班室及门禁系统安全文明施工设施标准化建设典型设计配置表见表 1-7，值班室标准化示例图如图 1-8 所示，门禁系统防护设施标准化示例图如图 1-9 所示。

表 1-7　　　　值班室及门禁系统安全文明施工设施标准化建设典型设计配置表

安全设施	安全文明施工设施标准化建设典型设计	数量	尺寸与材质
值班室及门禁系统	值班室铭牌	1	（1）面板尺寸：300mm（长）×200mm（宽）。 （2）面板采用 3mm 厚铝板制作，面板文字（或图画）贴膜为车身贴覆亚膜或优质宝丽布，油墨喷绘
	垃圾箱	按需而定	（1）垃圾箱尺寸宜为 55mm×46mm×81mm。 （2）由采购成品确定，宜塑料或铁质
	地面定置线	按需而定	（1）线条宽 100mm，物品距离划线距离为 300～500mm。 （2）黄色油漆，条件允许情况下设置荧光防止碰撞标识，避免因断电发生意外事故
	减速带	按需而定	（1）减速提示线一般采用由左下向右上侧呈 45°，黄色与黑色相间的等宽条纹，宽度为 200mm，可采取减速带代替减速提示线；也可采用单条减速垫。 （2）黄色和黑色划线漆，条件允许情况下设置荧光减速提示线，避免因断电发生意外事故
	车辆道闸	1	车辆道闸用于道路、洞口等部位限制机动车行驶，识别车辆信息的管理设备，根据采购的成品确认

图1-8　值班室标准化示例图

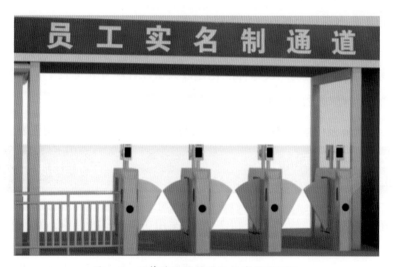

图1-9　门禁系统防护设施标准化示例图

1.1.8　临时休息区

1. 布置要求

（1）施工现场设置临时休息点，临时休息点应相对独立。

（2）临时休息点尽量选址安静的区域，休息点设置吸烟区，施工人员个人用品（如水杯、钥匙、手机等）应分类存放，临时休息点应考虑围蔽措施。

（3）按要求配置灭火器。

2. 尺寸要求

可成品采购集装箱作为现场休息室，也可根据现场实际进行搭建。

3. 参考图例

休息区示例图如图 1-10 和图 1-11 所示。

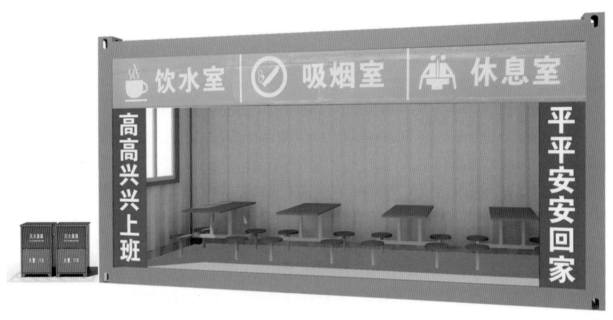

图 1-10　休息区示例图（一）

图 1-11　休息区示例图（二）

1.2　场内道路工程

1.2.1　场内道路总体要求

1. 布置要求

（1）施工单位应依据 NB/T 10333《水电工程场内交通道路设计规范》、JTG D81《公路交通安全设施设计规范》执行。

（2）临时道路应满足国家相关规程规范标准要求，路面应平整、无积水和明显凹陷。

（3）道路沿线应设置限速、指示标识牌、减速坎、反光镜、测速装置、防撞墩、防护栏杆等交通安全设施。视距不良、急弯、陡坡、交叉口等路段应设置配套的标志、标线及减速、防护、缓冲等安全设施。

（4）对易发生坠石、滚石和转弯路段应采取防护措施，设置危险坠石、连续弯道警示牌。位于居民集中居住区附近的道路应设置安全设施、标志标识及防护措施。

（5）路侧有悬崖、深谷、深沟、江河湖泊的路段应设置安全防护措施及警示标志。

（6）隧道洞口与河流、悬崖等交角较大等受地形限制的场内交通道路，应设置交通标志、标线，并设置防撞墙或防护墩。

（7）连续长陡下坡路段应采取避险措施。现场存在一定危险的道路，设置应急避险车道，必要时可在起始端前设置试制动车道等交通安全设施；临时道路、洞内道路要满足会车要求。

（8）场内主要的施工临时道路应根据实际情况，可综合选用碾压混凝土、普通混凝土、泥结碎石等方式进行硬化；不定期洒水、清扫，确保养护到位。

（9）施工路段不能全封闭时，设置安全警示标识和警戒线，并做好临边防护措施；部分投入使用的道路，应设置"前方施工、减速慢行"标识牌和警戒线，洞室段要设置交通警示灯。

（10）周边应设置挡渣坎和导流拦渣排渣区域，可及时排渣以减少石渣淤积程度。

2. 参考图例

水稳层硬化示例图如图 1-12 所示，危险地段安全设施设置示例图如图 1-13 所示。

图 1-12　水稳层硬化示例图

图 1-13　危险地段安全设施设置示例图

1.2.2　场内道路临时安全防护

1. 基本要求

（1）在施工区域内，应根据工程建设需要设置临时道路，应分为主要道路和非主要道路。

（2）场内施工临时道路应具有相应的安全设施，应按规定配置标志、视线诱导标及隔离设施；桥梁与高路堤路段应设置路侧护栏、防护墩；平面交叉应设置预告、指示或警告牌、支线减速让行或停车让行等交通安全设施。因地制宜综合选用土坎、钢筋石笼、防撞墩/柱/桶、安全围栏等方式进行临边防护。

（3）对易发生坠石的路段和转弯路段应采取防护措施，设置危险坠石、连续弯道警示牌。

（4）土坎主要布置于施工道路两侧与路肩之间。

（5）使用时间较长的临时路段，宜设置波形围栏。

（6）施工单位应依据现场实际情况设置应急避险车道，宜在起始端前设置试制动车道等交通安全设施，满足现场安全行车要求。

（7）场内进场施工道路应结合实际实行封闭管理，对需实行封闭管理的道路设置道路交通标志、车挡栏杆、车辆识别系统、减速带等，主要进场道路入口处应设置岗亭（警卫室）、人员识别系统及机动车阻挡装置等。

2. 参考图例

厂内道路土坎示例图如图1-14所示，进场公路封闭式管理示例图如图1-15所示，转弯视线不良地段广角镜、防撞墩示例图如图1-16所示，高路堤路段防护墩设置示例图如图1-17所示。

图1-14 厂内道路土坎示例图

图1-15 进场公路封闭式管理示例图

图1-16 转弯视线不良地段广角镜、防撞墩示例图

图1-17 高路堤路段防护墩设置示例图

1.2.2.1　石笼网

1. 布置要求

石笼网是在路基的侧面用石笼网箱垒砌的加固路基的钢筋石笼。

2. 尺寸要求

石笼网网孔直径为 80mm×100mm 或者 100mm×120mm，要求网孔为双扭结的六角形网目，石笼网的规格一般为 2000mm×1000mm×500mm（长×宽×高），也可根据设计要求选购。

3. 材质要求

采用镀锌钢丝：低碳钢丝，钢丝直径在 2～4mm 之间，钢丝的抗拉强度满足防护要求。

4. 参考图例

石笼网示例图如图 1-18 所示。

图 1-18　石笼网示例图

1.2.2.2　防撞墩

1. 布置要求

（1）防撞墩主要布置于施工道路临边、临空、转弯或其他危险区域地段。

（2）防撞墩应涂刷黄黑相间反光漆，用于道路旁警示。

（3）防撞墩上应设置吊环，方便移动。

2. 尺寸要求

单个防撞墩尺寸宜为 1200mm×600mm×800mm（长×宽×高）（根据现场实际埋入地面深度不少于 200mm，外漏 600mm），相邻防撞墩间距为 1500mm。

3. 材质要求

采用混凝土配筋修筑，根据防撞等级要求配置受力钢筋或构造钢筋；防撞墩（墙）纵向连接，按平接头加传力钢筋处理。

4. 参考图例

防撞墩示例图如图 1-19 所示。

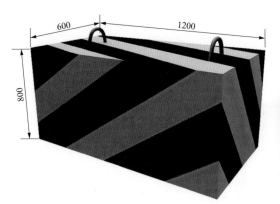 

图 1-19　防撞墩示例图（单位：mm）

1.2.2.3　防撞桶

1. 布置要求

（1）防撞桶又名防撞路桩，主要用于特殊区域起到保护作用，主要由圆形柱体以及底部固定法兰组成，表面涂有黄、黑色与红、白色喷漆或者贴有反光材料。

（2）防撞桶主要布置于有视觉盲区的路口或者道路拐弯处。

2. 参考图例

防撞桶示例图如图 1-20 所示。

图 1-20　防撞桶示例图（单位：mm）

1.2.2.4　广角镜

1. 布置要求

（1）广角镜主要设置于对司机视线有严重影响的道路转弯处。

（2）设置广角镜的目的是扩大司机视野，及早发现弯道对面车辆及行人，以减少交通事故的发生，实现车辆的安全运行。

（3）广角镜的底部需要用混凝土浇筑固定或螺栓安装固定，确保牢固、醒目。

2. 参考图例

防爆反光镜示例图如图 1-21 所示。

图 1-21　防爆反光镜示例图

1.2.3　场内道路永久安全防护

1. 布置要求

（1）进场公路、上下库连接公路等道路的永久安全防护应满足标准要求。根据 GB 50016《建筑设计防火规范》设置消防车道。

（2）道路两侧设置排水沟，沟底宽度和深度为 500mm，排水沟为现浇混凝土结构，100mm 厚 C20 混凝土垫层，并采取定型承重电力盖板封闭。

（3）在营地道路、进场道路和施工区主要道路上可以设置道旗，用于宣传交通道路安全和生产安全。牌面尺寸宜为 400mm（宽）×1200mm（高），标志离地高度宜为 1800mm。

（4）高边坡、临河、临边、转弯等危险路段应安装波形护栏、设置安全提示标识牌等。

（5）隧道内安全照明设施、隧道内车速提示标牌、隧道口安全提示标牌、减速带、排水设施的设置。

（6）桥梁及高路堤路段应设置路侧护栏（防护墩），视线有严重影响的道路转弯处应设置广角镜。

2. 参考图例

场内双车道示例图如图 1-22 所示，场内单车道示例图如图 1-23 所示，高路堤段防撞墩示例图如图 1-24 所示，急转弯、高路堤段广角镜、波形防护示例图如图 1-25 所示，易发生滚石、转弯路段安全提示示例图如图 1-26 所示，公路隧洞内照明及车速提示设置示例图如图 1-27 所示，转弯路段广角镜、提示标志示例图如图 1-28 所示，临边波形防护、排水沟示例图如图 1-29 所示。

图 1-22 场内双车道示例图（单位：m）

图 1-23 场内单车道示例图（单位：m）

图 1-24 高路堤段防撞墩示例图

图 1-25 急转弯、高路堤段广角镜、波形防护示例图

图 1-26 易发生滚石、转弯路段安全提示示例图

图 1-27 公路隧洞内照明及车速提示设置示例图

图 1-28　转弯路段广角镜、提示标志示例图　　　图 1-29　临边波形防护、排水沟示例图

1.2.3.1　波形护栏

1. 规范要求

本节依据 JTG/T D81《公路交通安全设施设计细则》编制。

2. 布置要求

（1）波形防护栏主要布置用于高边坡、临河、临边、转弯等危险路段，起着保障生命安全的重要作用。

（2）波形护栏可利用路基、立柱、钢板梁、防阻块等构件的变形来吸收车辆撞击力的半刚性防撞护栏产品。主要是为了防止失控车辆冲出道路，一般为镀锌钢板加工而成，参建施工单位可根据公路等级不同而采用不同规格的波形护栏。

3. 参考图例

公路波形护栏示例图如图 1-30 所示。

图 1-30　公路波形护栏示例图

1.2.3.2　广角镜

1. 规范要求

本节依据 JTG/T D81《公路交通安全设施设计细则》编制。

2. 布置要求

（1）广角镜（永久安全防护设施）主要设置于对司机视线有严重影响的永久道路转弯处。

（2）广角镜的底部需要用混凝土浇筑固定或螺栓安装固定，确保牢固、醒目。

（3）永久道路使用的广角镜示例可参照 1.2.2.4 的要求进行配置。

1.3　隧洞工程

1.3.1　总体要求

（1）在施工中应按《中华人民共和国特种设备安全法》《特种设备现场安全监察条例》、DL 5162《水电水利工程施工安全防护设施技术规范》、JTG F90《公路工程施工安全技术规范》、JTG/T 3660《公路隧道施工技术规范》、DB14/T 666《公路工程施工安全检查评价规程》、GB 7231《工业管道的基本识别色、识别符号和安全标识》执行。

（2）施工作业、设备停放场地要设置安全标志牌，风水电管线应根据统一规划、布置。

（3）隧道洞室作业面实施封闭式管理；爆破作业周围应设置警戒区，并对警戒区内的生产设施和设备采取防护措施。

（4）隧洞开挖时，进洞深度大于洞径 5 倍时，应采取通风措施，洞内空气质量满足国家规范要求。

（5）危险源（点）要设置危险源（点）警示、标识牌并加强警戒。

1. 布置要求

（1）地下洞室标准化设施包括施工供风、供水、供电、通风、照明、排水、灯箱、灯带、监控和通信（移动和固定）等。

（2）动力、照明、通信和监控线路布置在洞室边墙同侧时，照明和动力线路应分层架设，照明线布置在弱电线（通信和监控）的上方，且以上线路的布置高度宜不低于地面高度 2.5m，照度应满足施工要求。

（3）安全宣传灯箱、安全出口警示灯和 LED 灯带沿洞室方向合理布置；隧洞内环向间隔 20m 布置灯带。隧道纵向两侧对称布置灯带，高度不低于 2.5m。沿洞室方向每隔 50m 布置一个里程灯箱，两端距地面应统一。洞内还应设置交通指示标志、临时移动照明设施、应急灯、安全出口标志等。

（4）动力电缆、照明电缆、监控和通信电缆宜采用电缆桥架固定在洞室侧墙上，管线敷设应做到平、直、紧、稳、顺；电力、监控和通信线路应悬挂标识牌。

（5）通风管的悬挂高度应满足施工机械行走、物料和设备的运输需要。

（6）洞内风管、水管的颜色应符合 GB 7231《工业管道的基本识别色、识别符号和安全标识》的要求。即排水管——深绿色，供水管——蓝色，动力风管——白色。管道色标可采用色环或整体涂漆的标识，同时在管道表面应标注介质名称，明确介质流向。

（7）隧道洞口、开关箱、配电箱、台车、台架、仰拱开挖等危险区域应设置明显的警示标志。洞内施工设备应设反光标识。

（8）隧道内禁止存放油料、油漆等易燃易爆物品。

（9）按要求配备可靠的消防器材。

（10）隧道不良地质段开挖作业时宜设置逃生通道。

（11）洞室施工作业应根据现场实际，设置人行通道。

（12）洞室应按规范要求采取有效接地。

2. 尺寸要求

（1）电缆桥架尺寸：140mm（宽）×200mm（高）。

（2）安全宣传灯箱尺寸：1200mm（高）×800mm（长）。

（3）里程灯箱尺寸：200mm（高）×500mm（长）。

（4）安全出口警示灯尺寸：200mm（高）×600mm（长）。

3. 材质要求

（1）电缆桥架宜采用镀锌钢板制作。

（2）安全宣传灯箱宜采用亚克力超薄超亮 LED 灯片。

（3）里程灯箱成品采购。

（4）安全出口警示灯牌、应急照明灯及白色警示灯带采购成品。

4. 参考图例

洞内布置示例图如图 1-31 所示，洞内标准化设施安全标志配置参考表见表 1-8。

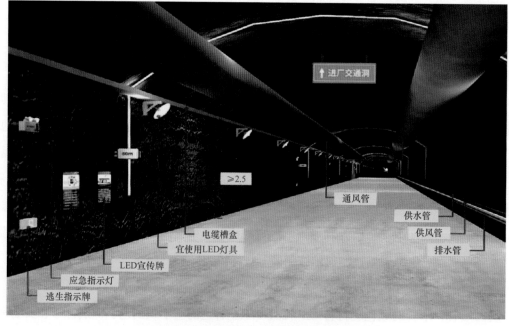

图 1-31　洞内布置示例图（单位：m）

表 1-8　　　　　　　　　　　　洞内标准化设施安全标志配置参考表

安全标志牌	作业类型											
	开挖作业	电焊与气焊作业	起重吊装作业	高处作业	爆破作业	有限空间作业	临时施工用电作业	交叉及相邻作业	道路运输作业	脚手架工程	支架工程	大型模板工程
安全生产牌	○	○	○	○	√	○	√	○	○	√	√	√
安全施工记录牌	○	√	√	√	√	√	√	√	√	√	√	√
安全文明施工纪律牌	○	√	√	√	√	√	√	√	√	√	√	√
安全消防宣传牌	○	√	○	○	○	○	√	○	○	○	○	○
安全自查牌	○	√	√	√	√	√	√	√	√	√	√	√
职业病危害告知牌	○	√	○	○	○	○	○	○	○	○	○	○
工程概况牌	○	○	○	○	○	○	○	○	○	√	√	√
"十不干"告知牌	√	○	○	○	√	○	○	○	○	○	○	○
工程简介牌	○	○	○	○	○	○	○	○	○	○	○	○
工程组织结构牌	○	○	○	○	○	○	○	○	○	○	○	○
管理监督牌	○	○	○	○	√	○	○	○	○	○	○	○
管理目标牌	○	○	○	○	√	○	○	○	○	○	○	○
农民工劳动权益告示牌	○	√	√	√	√	√	√	√	√	√	√	√
平面图牌	\	\	\	\	\	\	\	\	\	√	√	√
人员结构图牌	○	○	○	○	√	√	○	○	○	○	○	○
安全文明施工牌	○	√	√	√	√	√	√	√	√	√	√	√
消防保卫牌	○	√	○	√	√	√	○	○	○	○	○	○
效果图牌	○	○	○	○	○	○	○	○	○	○	○	√
责任牌	○	√	√	√	√	√	√	√	√	√	√	√
党建共建牌	○	√	√	√	√	√	√	√	√	√	√	√
风险告知牌	○	√	√	√	√	√	√	√	√	√	√	√

注　表中"○"表示根据实际情况选择配置；"√"表示必须配置；"\"表示不必配置。

1.3.2 洞口安全设施

1.布置要求

（1）洞口安全设施布置应根据实际情况合理规划。洞口一侧设置五牌一图（排序：工程概况牌、管理人员名单及监督电话牌、消防保卫牌、安全生产牌、文明施工牌、施工现场总平面图）、出入人员信息公示牌、施工工序牌及安全标示标牌，确保牢固、醒目；另一侧设置岗亭、停车位、消防器材、应急防汛物资等设施。

（2）洞口应采用门禁、道闸、视频监控等设施进行全封闭式管控；其中通风兼安全洞、进厂交通洞、输水系统进出水口以及施工支洞等主要洞室入口处应设置人脸识别门禁系统。重要洞口应设值班室，负责进出人员登记及设备与爆破器材进出隧道记录和安全监控等工作。

（3）在洞口门顶正上方或侧面合适位置设置隧道名称牌；龙门架两侧及横梁应根据现场实际需要设置相关安全标语、安全标志。

（4）洞口设置空气压缩机、变压器等设备时，应在其周围设置安全标示标牌、防护围栏等措施。

（5）洞口附近其他安全设施宜按照风险、应急预案、安全文化分类集中摆放。

2.尺寸及材质要求

（1）停车位及尺寸根据实际情况确定。

（2）值班室为塑钢材质，尺寸根据实际情况制定。

（3）减速带采购应满足国家相关规范要求。

3.参考图例

洞口龙门架通风系统布置示例图如图1-32所示，通风兼安全洞洞口安全文明施工设施标准化建设平面布置示例图如图1-33所示，交通支洞洞口安全文明施工设施标准化建设布置示例图如图1-34所示，进厂交通洞与通风兼安全洞口安全文明施工设施标准化建设平面布置示例图如图1-35所示，洞口标准化设施安全标志配置参考表见表1-9。

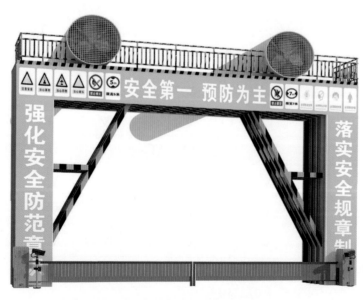

图1-32 洞口龙门架通风系统布置示例图

图 1-33 通风兼安全洞洞口安全文明施工设施标准化建设平面布置示例图

图 1-34 交通支洞洞口安全文明施工设施标准化建设布置示例图

图 1-35　进厂交通洞与通风兼安全洞口安全文明施工设施标准化建设平面布置示例图

表 1-9　　　　　　　　　　　　洞口标准化设施安全标志配置参考表

安全标志牌	作业类型											
	开挖作业	电焊与气焊作业	起重吊装作业	高处作业	爆破作业	有限空间作业	临时施工用电作业	交叉及相邻作业	道路运输作业	脚手架工程	支架工程	大型模板工程
安全生产牌	○	○	○	○	✓	○	✓	○	○	✓	✓	✓
安全施工记录牌	○	✓	✓	✓	✓	✓	✓	✓	✓	✓	✓	✓
安全文明施工纪律牌	○	✓	✓	✓	✓	✓	✓	✓	✓	✓	✓	✓
安全消防宣传牌	○	✓	○	○	○	○	✓	○	○	○	○	○
安全自查牌	○	✓	✓	✓	✓	✓	✓	✓	✓	✓	✓	✓
职业病危害告知牌	○	✓	○	○	○	○	○	○	○	○	○	○
工程概况牌	○	○	○	○	○	○	○	○	○	✓	✓	✓
"十不干"告知牌	✓	○	○	✓	✓	✓	○	○	○	○	○	○
工程简介牌	○	○	○	○	○	○	○	○	○	✓	✓	✓

续表

安全标志牌	作业类型											
	开挖作业	电焊与气焊作业	起重吊装作业	高处作业	爆破作业	有限空间作业	临时施工用电作业	交叉及相邻作业	道路运输作业	脚手架工程	支架工程	大型模板工程
管理监督牌	○	○	○	○	√	○	√	○	√	√	√	√
管理目标牌	○	○	○	○	√	○	○	○	√	√	√	√
农民工劳动权益告示牌	○	√	√	√	√	√	√	√	√	√	√	√
平面图牌	\	\	\	\	\	\	\	\	\	√	√	√
人员结构图牌	○	√	√	√	√	√	√	√	○	√	√	√
安全文明施工牌	○	√	√	√	√	√	√	√	√	√	√	√
消防保卫牌	○	√	√	√	○	√	√	○	○	○	○	○
效果图牌	○	○	○	○	○	○	○	○	○	√	√	√
责任牌	○	√	√	√	√	√	√	√	√	√	√	√
党建共建牌	○	√	√	√	√	√	√	√	√	√	√	√
风险告知牌	○	√	√	√	√	√	√	√	√	√	√	√

注 表中"○"表示根据实际情况选择配置;"√"表示必须配置;"\"表示不必配置。

1.3.3 洞室安全设施

1. 开挖基本要求和管理措施

(1)隧道双向开挖面相距15～30m时,应预留贯通的安全距离,改为单向开挖;停挖端的作业人员和机具应撤离,并在安全距离处设置必要的警示标志。

(2)开挖洞室设置有毒有害气体检测仪,有毒有害气体检测仪应有合格证和检验报告,并定期检验。作业前对作业面有毒有害气体进行检测,空气质量符合要求后,方可进入展开施工作业。

(3)台车应悬挂安全警示标牌、粘贴反光条、使用低压灯带作为示廓,台车经验收后方可使用;验收牌上注明使用单位、使用地点、验收时间及台车编号。

(4)临边部位、爬梯均应设置防护栏杆,避免作业人员发生高处坠落事故;台车使用时应摆放平稳,钻孔时台车下方禁止有人,禁止将台车停在软基地,电源禁止上台车。

(5)机械开挖应根据断面和作业环境选择机型、划定安全作业区域,并应设置警示标志。

(6)开挖作业过程中,应对隧道内进行通风、降尘,作业人员佩戴防尘口罩。

(7)手持风钻人工钻孔时,作业人员应佩戴好防尘口罩和防护眼镜;吹洗炮眼内的泥浆、石粉时,作业人员应佩戴好防尘口罩和防护眼镜,站立在侧方,避免吹出的泥砂伤人。

（8）起爆前，作业现场应进行人员清场管理，现场人员应听从指挥，撤离到安全区域，并设立警戒标志，专人防护。距离洞口长度小于 300m 的爆破开挖面，起爆站应设在洞口侧面 50m 以外；其余隧道洞内起爆站距爆破位置不得小于 300m。

2. 参考图例

开挖作业现场布置示例图如图 1-36 所示，爆破作业现场监护示例图如图 1-37 所示，洞室烟尘净化装置示例图如图 1-38 所示。

图 1-36　开挖作业现场布置示例图

图 1-37　爆破作业现场监护示例图

图 1-38　洞室烟尘净化装置示例图

1.3.3.1　作业平台及支护

1. 总体要求

（1）隧道内应进行通风并进行气体检测，确保空气质量符合要求后方可进入工作。

（2）作业台架及人员上下梯步应牢固稳定，临边设置安全护栏，操作平台用阻燃材料满铺固定，配备消防器材。

（3）多臂台车应悬挂安全警示标牌、粘贴反光条、使用低压灯带作为示廓灯，台车应经验收后方可使用；验收牌上注明使用单位、使用地点、验收时间及台车编号。

（4）作业台架上应使用不高于 36V 的安全电压，潮湿环境条件下使用 12V 安全电压。

（5）喷射混凝土时应佩戴护目镜和防尘口罩。喷嘴前不得站人。

（6）锚杆钻孔时应保证钻机支撑安放稳定牢靠，钻孔过程中不得骑在钻机上，除钻机操作人员还应至少安排一人协助作业。

（7）作业人员正确佩戴个人防护用品，作业现场配备灭火器。

2. 参考图例

气体检测仪示例图如图 1-39 所示，作业台架示例图如图 1-40 所示，洞室支护作业安全防护示例图如图 1-41 所示。

图 1-39　气体检测仪示例图

图 1-40　作业台架示例图

图 1-41　洞室支护作业安全防护示例图

1.3.3.2 洞室装渣与运输

1. 总体要求

（1）装渣与运输作业应按 JTG/T 3660《公路隧道施工技术规范》执行。

（2）运渣车辆应状态完好、制动有效，不得载人，不得超载、超宽、超高运输。

（3）装渣、卸渣及运输作业场地的照明应满足施工作业场所需求和保证足够亮度，隧道内停电或无照明时，不得作业。

（4）无轨运输应设置会车场所、转向场所及行人安全通道。

（5）装渣现场应设置喷淋降尘降温设施，根据作业情况开展喷淋降尘降温。

（6）作业人员正确佩戴防尘口罩、安全帽等个人防护用品。

2. 参考图例

车辆超高超载运输示例图如图 1-42 所示。隧道洞室标准化设施安全标志配置参考表见表 1-10。

图 1-42　车辆超高超载运输示例图

表 1-10　　　　　　　　　　隧道洞室标准化设施安全标志配置参考表

安全标志牌	作业类型											
	开挖作业	电焊与气焊作业	起重吊装作业	高处作业	爆破作业	有限空间作业	临时施工用电作业	交叉及相邻作业	道路运输作业	脚手架工程	支架工程	大型模板工程
安全生产牌	○	○	○	○	√	○	√	○	○	√	√	√
安全施工记录牌	○	√	√	√	√	√	√	√	√	√	√	√
安全文明施工纪律牌	○	√	√	√	√	√	√	√	√	√	√	√
安全消防宣传牌	○	√	○	○	○	○	√	○	○	○	○	○
安全自查牌	○	√	√	√	√	√	√	√	√	√	√	√
职业病危害告知牌	○	√	○	○	○	○	○	○	○	○	○	○

续表

安全标志牌	作业类型											
	开挖作业	电焊与气焊作业	起重吊装作业	高处作业	爆破作业	有限空间作业	临时施工用电作业	交叉及相邻作业	道路运输作业	脚手架工程	支架工程	大型模板工程
工程概况牌	○	○	○	○	○	○	○	○	○	√	√	√
"十不干"告知牌	√	○	○	○	√	○	○	○	○	○	○	○
工程简介牌	○	○	○	○	○	○	○	○	○	√	√	√
工程组织结构牌	○	√	√	√	√	√	√	√	√	√	√	√
管理监督牌	○	√	√	√	√	√	√	√	√	√	√	√
管理目标牌	○	√	√	√	√	√	√	√	√	√	√	√
农民工劳动权益告示牌	○	√	√	√	√	√	√	√	√	√	√	√
平面图牌	\	\	\	\	\	\	\	\	\	√	√	√
人员结构图牌	○	○	○	√	√	√	○	○	○	√	√	√
安全文明施工牌	○	√	√	√	√	√	√	√	√	√	√	√
消防保卫牌	○	√	√	√	√	√	√	○	○	○	○	○
效果图牌	○	○	○	○	○	√	√	√	√	√	√	√
责任牌	○	√	√	√	√	√	√	√	√	√	√	√
党建共建牌	○	√	√	√	√	√	√	√	√	√	√	√
风险告知牌	○	√	√	√	√	√	√	√	√	√	√	√

注 表中"○"表示根据实际情况选择配置;"√"表示必须配置;"\"表示不必配置。

1.4 竖井工程

1.4.1 总体要求

1. 布置要求

（1）竖井区域应进行封闭管理，出入口设置人脸识别门禁系统；在竖井附近安全区域适当位置设置作业人员休息区。

（2）竖井提升系统操作区域应围护隔离，防止非工作人员进入。

（3）竖井区域应在明显位置设置五牌一图、出入人员信息公示牌、施工工序牌及各类标识牌。

（4）竖井内通风和照明应满足要求。竖井上方宜安装保证足够的亮度照明，作业面辅助照明应采用 36V 低压电源。竖井内的照明配电箱柜应用支架立起使用或挂井壁上使用，夜间施工时应保障井口及施工现场的照明。

（5）当载人提升系统暂停使用时，施工爬梯作为施工人员上下竖井的通道，沿井壁设钢梯和护圈等设施，上下人员应正确佩戴安全防护用品。

（6）施工爬梯应合理设置一个临时休息平台，最大承受荷载 $4000N/m^2$。

（7）按要求配备消防器材、应急防汛物资。

2. 参考图例

竖井出入口人脸识别门禁系统示例图如图 1-43 所示，竖井全貌示例图如图 1-44 所示。

图 1-43　竖井出入口人脸识别门禁系统示例图　　　　　图 1-44　竖井全貌示例图

1.4.2　引水竖井安全设施

1. 布置要求

（1）引水竖井区域应进行封闭管理，出入口应设置人脸识别门禁系统，进行人员信息管理。

（2）引水竖井上、下弯段进出口应设置安全防护设施，设置高度不低于 1200mm 的防护围栏，立杆间距不大于 1200mm，踢脚板高度不小于 200mm，栏杆涂刷红白相间油漆、标志牌（如架桥限重牌、禁止翻越、禁止倚靠、佩戴安全帽、佩戴安全绳、有限空间安全告知牌、警示牌等）等设施，防护栏杆不得随意拆除，标志牌应放在醒目位置，且不得随意挪动。

（3）引水竖井升降机钢丝绳要有适宜的安全储备，其安全系数应符合 DL/T 5370《水电水利工程施工通用安全技术规程》、DL/T 5371《水电水利工程土建施工安全技术规程》的规定。提升设备应配置电磁抱闸、限位、过负荷、过电流保护，信号、紧急安全开关，牵引失效保护装置，触地缓冲器等保护装置。

（4）吊盘操作平台应牢固可靠与井壁支撑固定，并设置栏杆，在醒目处设立安全警示标志。

（5）升降吊笼应根据 GB/T 26557《吊笼有垂直导向的人货两用施工升降机》要求设置，明确吊笼限载重量，吊笼应设置反光条，施工过程中，应定期检查，确保吊笼各项安全装置安全可靠。

（6）有限空间作业，应配备气体检测设备、呼吸防护用品（正压式呼吸器）、防坠落装置、其他个体防护用品和通风设备、照明设备、通信设备以及应急救援装备等。

2. 参考图例

竖井出入口门禁系统及安全设施示例图如图 1-45 所示，竖井吊笼及井口安全设施示例图如图 1-46 所示。

图 1-45　竖井出入口门禁系统及安全设施示例图

图 1-46　竖井吊笼及井口安全设施示例图

1.4.3　竖井井口安全设施

1. 布置要求

（1）竖井上口浇筑混凝土锁口井圈，刷黄黑线条警示漆，设置高度不低于 1200mm 的防护围栏，立杆间距不大于 1200mm，栏杆涂刷红白相间油漆、标志牌（如限重牌、禁止翻越、禁止倚靠、佩戴安全帽、佩戴安全绳、下井须知牌等）等设施，防护栏杆不得随意拆除，标志牌应放在醒目位置，且不得随意挪动。

（2）防护栏杆钢管采用无缝钢管。

（3）竖井上口设置井台（高度不小于 200mm），防止外来水进入井内，防止物件高处坠落对井内施工人员的伤害。

（4）竖井周围应保持清洁干净，禁止乱堆杂物和材料，保持竖井周围照明充足。

（5）竖井施工时，应采取防止物件坠落的措施，井口设置临时封口盘，封口盘上设井盖门。

（6）竖井下口设置警示标志、防护栏杆，禁止人员进入竖井下口区域，警示告示牌应放在醒目位置，且不得随意挪动，防护栏杆不得随意拆除。

（7）安全爬梯位置设置防坠装置。上下竖井时，应正确佩戴安全带，并将安全绳悬挂在防坠装置上。

2. 参考图例

井口安全防护示例图如图 1-47 和图 1-48 所示。

图 1-47　井口安全防护示例图（一）

图 1-48　井口安全防护示例图（二）

1.4.4　竖井提升系统安全设施

1. 布置要求

（1）起重机械各机构的构成与布置，应满足使用需要，保证安全可靠。

（2）起重机械应使用许可厂家的合格产品，在正式使用前，到当地市场监督管理部门进行登记建档，建立安全管理制度和技术档案。作业人员持证上岗。提升设备应定期检查、维保。

（3）起吊时下方严禁人员停留或通过，严禁违规使用升降机。

（4）竖井上下联络通信应保持畅通，操作区域应隔离，设立醒目安全标牌。

（5）竖井井架口设置防护围栏，涂刷红白警示油漆，悬挂限重、限载、当心坑洞等标识牌。

（6）竖井上下运输设备应设导向装置。

（7）起重机钢丝绳要有适宜的安全储备，其安全系数应符合 DL/T 5370《水电水利工程施工通用安全技术规程》、DL/T 5371《水电水利工程土建施工安全技术规程》的规定。提升设备应配置电磁抱闸、限位、过负荷、过电流保护，信号、紧急安全开关，牵引失效保护装置，触地缓冲器等保护装置。

2. 参考图例

竖井提升系统示例图如图 1-49 所示。

图 1-49   竖井提升系统示例图

1.5   斜井工程

1.5.1   总体要求

（1）斜井区域应进行封闭管理，出入口设置人脸识别门禁系统；在斜井附近安全区域适当位置设置作业人员休息区。

（2）斜井区域应在明显位置设置五牌一图、出入人员信息公示牌、施工工序牌及各类标识牌。

（3）斜井内通风和照明应满足要求。作业面辅助照明应采用低压电源。

（4）斜井内的照明配电箱柜应用支架立起使用或挂壁使用，夜间施工时应保障井口及施工现场的照明。

（5）有限空间作业时，现场应设置有限空间作业危险告知牌，宜采用轴流风机通风，配备正压式呼吸器，按要求在作业前及作业过程中定期进行气体检测。

（6）按要求配备消防器材。

1.5.2   操作间布置

1. 布置要求

（1）操作间顶帮支护应安全可靠，便于操作和瞭望，无杂物。

（2）操作间应粘贴安全操作规程、检查维护保养制度、井下作业人员登记挂牌、操作人员上岗证书等牌图。

（3）操作间应安装电子监控设备，便于观察井口设备、人员情况。

2. 参考图例

操作示例图如图 1-50 所示，控制台及监控示例图如图 1-51 所示。

图 1-50 操作示例图

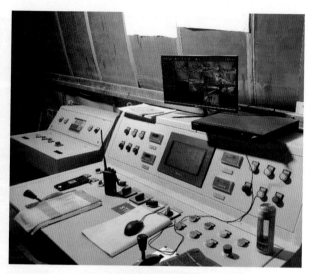

图 1-51 控制台及监控示例图

1.5.3 斜井防护布置

1. 布置要求

（1）应做好井口支护，确保井口稳定，采取措施，防止井台上杂物落入井内伤人，井口平台护栏满足安全需求并装设踢脚板。

（2）斜井标准化设施包括施工供风、供水、供电、通风、照明、排水、灯箱、灯带、监控和通信（移动和固定）等。

（3）井口旁设置"禁止抛物""禁止跨越""当心坠落"等安全标志牌，拉警戒线，并设专人看守井口。

（4）井口安装闸机及显示器，实时显示下井人员信息。

（5）井口应设置阻车器、安全门、安全防护栏及醒目的警示标识牌。

2. 参考图例

标准化宣传示例图如图 1-52 所示，斜井设备长廊及门禁系统示例图如图 1-53 所示，斜井设备长廊及人脸识别系统示例图如图 1-54 所示，斜井临边防护围栏示例图如图 1-55 所示。

1.5.4 斜井上下通道防护

1. 布置要求

（1）施工爬梯作为施工人员上下斜井的应急通道，应设置防护装置。宜采用 C 型钢、防滑踏板钢制作，爬梯靠近墙壁侧设置扶手、滑轨及滑块自锁器作为人员通行防坠落保护装置。

（2）焊接作业时人员应佩戴好个人防护用品及做好周边防护措施。

（3）施工爬梯应在适当位置设置休息平台，休息平台设置"当心坠落""注意安全"等安全标志牌。

（4）定期对钢管运输轨道受力部位进行日常检查，形成检查机制。

2. 参考图例

斜井上下口防护示例图如图 1-56 所示，斜井上下滑轨滑块自锁器示例图如 1-57 所示，斜井上下通道防护示例图如图 1-58 所示。

图 1-52　标准化宣传示例图

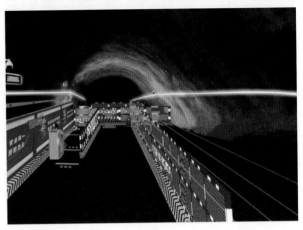

图 1-53　斜井设备长廊及门禁系统示例图

图 1-54　斜井设备长廊及人脸识别系统示例图

图 1-55　斜井临边防护围栏示例图

图 1-56　斜井上下口防护示例图

图 1-57　斜井上下滑轨滑块自锁器示例图

图 1-58　斜井上下通道防护示例图

1.5.5　斜井提升系统

1. 布置要求

（1）现场应将操作规程悬挂在明显位置，操作人员严格遵守操作规程要求。

（2）提升设备应定期检查、维保。

（3）扩挖台车、运输小车应经过受力分析，明确荷载，并有标识，平台栏杆应涂刷醒目黄黑或红白相间反光漆。

（4）平台上设备与平台可靠固定或锁定。

（5）运输平台应配备固定的手提式灭火器和消防应急照明，安装有线电话、紧急停止按钮、电铃装置，以备应急处置。

（6）绞车应定置摆放，绞车区域应设置安全围栏和各类标示标牌。

（7）绞车及钢丝绳要有适宜的安全储备，其安全系数应符合 DL/T 5370《水电水利工程施工通用安全技术规程》、DL/T 5371《水电水利工程土建施工安全技术规程》的规定。提升设备应配置电磁抱闸、限位、过负荷、过电流保护，信号、紧急安全开关，牵引失效保护装置，触地缓冲器等保护装置。

（8）扩挖台车、运输台车、钻孔灌浆台车等应设专人指挥，并保证通信联络畅通。

2. 参考图例

新型斜井扩挖台车示例图如图 1-59 所示，自制载人台车示例图如图 1-60 所示，绞车爬梯示例图如图 1-61 所示，鸡心环保护钢丝绳绳头示例图如图 1-62 所示，托辊＋托轮防止钢丝绳拖地磨损示例图如图 1-63 所示，斜井绞车防护示例图如图 1-64 所示，斜井井口绞车示例图如图 1-65 所示，斜井工程安全标志配置参考表见表 1-11。

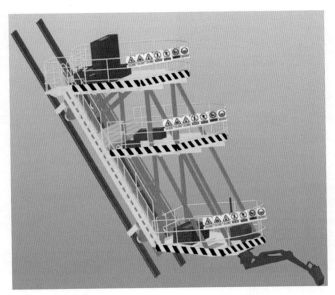

图 1-59　新型斜井扩挖台车示例图

图 1-60　自制载人台车示例图

图 1-61　绞车爬梯示例图

图 1-62　鸡心环保护钢丝绳绳头示例图

图 1-63　托辊＋托轮防止钢丝绳拖地磨损示例图

图 1-64　斜井绞车防护示例图

图 1-65　斜井井口绞车示例图

表 1-11　　　　　　　　　　　　　　斜井工程安全标志配置参考表

安全标志牌	作业类型											
	开挖作业	电焊与气焊作业	起重吊装作业	高处作业	爆破作业	有限空间作业	临时施工用电作业	交叉及相邻作业	道路运输作业	脚手架工程	支架工程	大型模板工程
安全生产牌	○	○	○	○	√	○	√	○	○	√	√	√
安全施工记录牌	○	√	√	√	√	√	√	√	√	√	√	√
安全文明施工纪律牌	○	√	√	√	√	√	√	√	√	√	√	√
安全消防宣传牌	○	√	○	○	○	○	√	○	○	○	○	○
安全自查牌	○	√	√	√	√	√	√	√	√	√	√	√
职业病危害告知牌	○	√	○	○	○	√	○	○	○	○	○	○
工程概况牌	○	○	○	○	○	○	○	○	○	√	√	√
"十不干"告知牌	√	○	○	○	√	○	○	○	○	○	○	○
工程简介牌	○	○	○	○	○	○	○	○	○	√	√	√
工程组织结构牌	○	○	○	○	○	○	○	○	○	○	○	○
管理监督牌	○	○	○	√	○	√	√	○	√	√	√	√
管理目标牌	○	○	○	√	○	○	√	○	○	√	√	√
农民工劳动权益告示牌	○	√	√	√	√	√	√	√	√	√	√	√

续表

安全标志牌	作业类型											
	开挖作业	电焊与气焊作业	起重吊装作业	高处作业	爆破作业	有限空间作业	临时施工用电作业	交叉及相邻作业	道路运输作业	脚手架工程	支架工程	大型模板工程
平面图牌	\	\	\	\	\	\	\	\	\	√	√	√
人员结构图牌	○	○	○	○	√	√	○	○	○	√	√	√
安全文明施工牌	○	√	√	√	√	√	√	√	√	√	√	√
消防保卫牌	○	√	√	√	√	○	√	√	√	√	√	○
效果图牌	○	○	○	○	○	○	○	○	○	○	○	○
责任牌	○	√	√	√	√	√	√	√	√	√	√	√
党建共建牌	○	√	√	√	√	√	√	√	√	√	√	√
风险告知牌	○	√	√	√	√	√	√	√	√	√	√	√

注 表中"○"表示根据实际情况选择配置;"√"表示必须配置;"\"表示不必配置。

1.5.6 斜井钢管安装

1. 基本要求和管理措施

（1）斜井钢管安装依据 DL/T 5373《水电水利工程施工作业人员安全操作规程》、JGJ 46《施工现场临时用电安全技术规范》、DL/T 5017《水电水利工程压力钢管制造安装及验收规范》执行。

（2）施工现场的洞（孔）、坑、沟、升降口等危险处应有防护设施和安全标识。施工现场存放设备、材料的场地应平整牢固,设备、材料存放应整齐有序。

（3）施工现场的排水系统布置合理,沟、管、排水畅通。

（4）斜井压力钢管运输,宜采用改造的型钢支臂作为轨道安装装置。

（5）斜井两侧宜采用 C 型钢、防滑踏板钢制爬梯,爬梯靠近墙壁侧设置扶手、滑轨及滑块自锁器作为人员通行防坠落保护装置。同时严格执行出入斜井登记制度。

（6）钢管内作业平台锁定采用双拉杆与双手拉葫芦的四点锁定方式,定期对平台锁定情况进行检查。

（7）斜井钢管内电焊机接地线采用汇流排方式集中规范布置,避免钢丝绳意外过电流;施工电源采用铠装电缆、绝缘护套、绝缘挂钩等措施确保施工用电安全。

（8）下斜井轨道铺设不影响钢管运输台车运行安全的情况下,安装高度应尽量按最低控制,保证钢管运输安全和钢管卸车安装调整高度。

（9）拼装焊接台车上的各类设备应固定可靠,防止意外振动脱落。

（10）钢管运输、工作平台锁定、钢管安装焊接等关键工序应加强对卷扬机、钢丝绳、吊耳板及卸扣等重要部件的定期检查。

（11）操作平台搭设、拆除时，在物体坠落范围的外侧应设有安全围栏与醒目的安全标识，现场应有人员监护。

（12）管床两侧施工人行爬梯斜坡间隔 30 ～ 40m 设置一道安全门，防止滚落或跌落。

（13）电焊机等带电设备应与施工平台绝缘，并采取专用接地线引出接地。

（14）作业现场按要求配备消防器材。

2. 参考图例

斜井钢管作业平台示例图如图 1-66 所示，焊机汇流排示例图如图 1-67 所示，钢管运输轨道安装装置示例图如图 1-68 所示。

图 1-66　斜井钢管作业平台示例图

图 1-67　焊机汇流排示例图

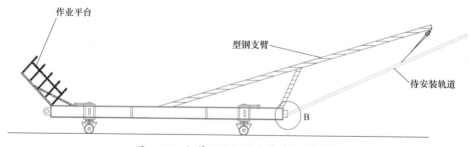

图 1-68　钢管运输轨道安装装置示例图

1.6　大坝工程

1.6.1　总体布置

1. 基本要求和管理措施

（1）大坝工程建设区域应进行封闭管理。

（2）坝区主干道路应采用混凝土路面，临时道路宜采用泥结石硬化路面，道路路面应平整，雨天不积水、晴天不扬尘，弯道符合要求。

（3）各危险区域应在醒目位置配置齐全、规范的安全标志和夜间警示。

（4）坝体施工应做好材料成品保护，心墙坝车辆通过部位铺设足够钢板。

（5）浇筑完成的混凝土表面不应直接堆放物料，并做好防止水、油污染等措施。

（6）大坝临边防坠网应采用纤维材质柔性网，单绳拉力大于1600N，耐冲击500J，静态承重300kg，柔性网与挂环绑系，采用金属挡头防止柔性网脱落。

（7）坝区所有存在高空跌落的区域应设置安装围栏、警示标识及防坠措施。

2. 参考图例

大坝安全围栏示例图如图1-69所示，大坝石渣防护竹挡排示例图如图1-70所示，坝面施工安全爬梯及安全绳示例图如图1-71所示，滑模提升系统示例图如图1-72所示，趾板高照度探照灯示例图如图1-73所示，坝顶照明灯带示例图如图1-74所示。

图 1-69　大坝安全围栏示例图

图 1-70　大坝石渣防护竹挡排示例图

图 1-71　坝面施工安全爬梯及安全绳示例图

图 1-72　滑模提升系统示例图

图 1-73　趾板高照度探照灯示例图

图 1-74　坝顶照明灯带示例图

1.6.2　材料摆放

1. 基本要求与管理措施

（1）施工设备和材料堆放区域应实施定置化管理，标识清晰。

（2）根据施工现场实际情况设置设备、材料临时堆放区，分类、分区域摆放，堆放整齐、摆放有序、标识清晰。场地坚实、平整、无积水。

（3）现场堆放的砂子、水泥等材料，应在底部铺垫隔水材料；现场堆放的钢筋、钢管等材料，应在底部铺垫防潮材料。

2. 参考图例

坝区材料堆放示例图如图 1-75 所示。

图 1-75　坝区材料堆放示例图

1.7　机电工程

1.7.1　设备安装与调试管理

1. 基本要求和管理措施

（1）机电设备安装与调试按 DL/T 5372《水电水利工程金属结构与机电设备安装安全技术规程》执行。

（2）施工区域应设置消防设施，配备相应的消防器材，并保持通道畅通。

（3）水轮机安装部位应设置人行通道、工作平台及爬梯，并配置护栏、扶手、安全网等设施。设施基础应固定牢靠，并满足承载要求。

（4）发电机安装部件清扫场地照明要适宜，通风要良好，地面平整，并设围栏及专用消防器材。

（5）发电机安装、下线作业现场等区域应保持干净整洁和温度适宜，作业区域应封闭管理，实行人员出入登记许可制度。

（6）在蜗壳、尾水肘管、球阀、平洞堵头等区域按照有限空间进行管理，进行设备安装作业时须配置有效通风设施并满足通风需求；在交叉作业区域进行设备安装时应满足相关安全要求和配置齐全的个人防护用品。

（7）进行电气设备安装的高处作业人员，应将衣袖、裤脚扎紧，正确使用安全带，穿防滑鞋。

（8）施工现场的孔洞、电缆沟应装有嵌入式盖板或防护网罩。上下层交叉作业时，应设置保护平台及安全网。

（9）高处、临边作业部位应搭设操作平台或脚手架，并设有安全防护栏杆，爬梯、安全绳、安全带、安全网等，走道、爬梯应牢靠。吊物孔周围应设有防护栏杆和踢脚板及安全警示标识。

（10）大件吊装应划定安全区，吊装行走区域应设置隔离区域，各层通道和吊物孔应设置隔离设施，并设专人看护。起重设备运转半径内不应有人逗留和通过，起吊成堆物件时，应有防止滚动或翻倒措施。大件运输起重吊具分区存放。

（11）高处作业（定子、转子、基坑、球阀作业）应制定有效的防高空落物措施。

（12）氧气、乙炔等气瓶须固定存放，并设置标识，使用气焊割动火作业时，氧气瓶与乙炔瓶间距不小于5m，气瓶的放置地点不得靠近热源，应距明火10m以外。动火完毕后，应清理现场，确认无残留火种后，方可离开。

（13）动火作业应有专人监护，动火作业前应清除动火现场及周围的易燃易爆品，并做好安全防火措施，并配备足够适用的消防器材。

（14）电焊、气割作业时应遵守安全操作规程与设专人监护，严防火灾。并做好周边防护措施，避免引起火灾或灼伤地面、设备。

（15）现场储存防爆箱，满足危化品存放要求。使用脱漆剂、汽油等化学物品进行清洗作业时，工作人员应佩戴防护镜、防护手套，工作区域不得动火作业，并设置警戒线及安全标识。清扫后的污油应进行妥善处理。工作现场配备消防器材。

（16）试验区域应设置警示围栏，高压及带电部位应悬挂警示标识。

（17）试运行现场应干净整洁、照明充足、道路畅通。各部位通信应顺畅。应急照明方向指示清晰，区域内应备有足够的消防器材。

（18）机组调试期间，涉及试验部位应设置安全隔离措施，悬挂高压试验、注意安全等安全警示牌，并设置专人监护。

2. 参考图例

厂房全景示例图如图1-76所示，机电设备安装安全标志配置参考表见表1-12。

图1-76　厂房全景示例图

表 1-12　　　　　　　　　　　机电设备安装安全标志配置参考表

安全标志牌	开挖作业	电焊与气焊作业	起重吊装作业	高处作业	爆破作业	有限空间作业	临时施工用电作业	交叉及相邻作业	道路运输作业	脚手架工程	支架工程	大型模板工程
安全生产牌	○	○	○	○	√	○	√	○	○	√	√	√
安全施工记录牌	○	√	√	√	√	√	√	√	√	√	√	√
安全文明施工纪律牌	○	√	√	√	√	√	√	√	√	√	√	√
安全消防宣传牌	○	√	√	○	√	○	√	○	○	○	○	○
安全自查牌	○	√	√	√	√	√	√	√	√	√	√	√
职业病危害告知牌	○	√	○	○	○	√	○	○	○	○	○	○
工程概况牌	○	○	○	○	○	○	○	○	○	√	√	√
"十不干"告知牌	○	√	√	√	√	√	√	√	√	√	○	○
工程简介牌	○	○	○	○	○	○	○	○	○	√	√	√
工程组织结构牌	○	○	○	○	○	○	○	○	○	√	√	√
管理监督牌	○	○	○	√	√	√	√	○	○	√	√	√
管理目标牌	○	○	○	√	√	√	√	○	○	√	√	√
农民工劳动权益告示牌	○	√	√	√	√	√	√	√	√	√	√	√
平面图牌	\	\	\	\	\	\	\	\	\	\	√	√
人员结构图牌	○	○	○	○	√	○	√	○	○	√	√	√
安全文明施工牌	○	√	√	√	√	√	√	√	√	√	√	√
消防保卫牌	○	√	○	○	√	○	√	○	√	○	○	○
效果图牌	○	○	○	○	○	○	√	○	○	√	√	√
责任牌	○	√	√	√	√	√	√	√	√	√	√	√
党建共建牌	○	√	√	√	√	√	√	√	√	√	√	√
风险告知牌	○	√	√	√	√	√	√	√	√	√	√	√

注　表中"○"表示根据实际情况选择配置;"√"表示必须配置;"\"表示不必配置。

1.7.2 场地规划及管理措施

1. 基本要求和管理措施

（1）施工生产区域应实行封闭管理，设置安检岗，做好人员、设备信息管理。

（2）区域明显位置设置五牌一图、出入人员信息公示牌、施工工序牌及安全标示标牌及应急逃生通道示意图。

（3）安装场地布置应满足水轮发电机组及电气设备（机电设备安装工程）安装总进度计划要求；在机组段或者其他延伸的安装场地应满足设计承载能力的要求。

（4）厂房安装间应设置总体布置图，机电安装区域应封闭管理并设置明显标识（标识区域名称），施工区域隔离栏杆，临边应设置固定式安全围栏。

（5）厂房安装间应使用活动式安全围栏进行分区管理，设置吊装通道，识别工作区与非工作区、堆放区与非堆放区、通道与限制区等。

（6）安装间在封闭作业期间设置平面布置图。施工现场应进行区域划分，用统一规范的颜色标明各区域功能。运用红、黄、蓝、绿、红白、黄黑等颜色，标识区域、设备等，传达警示、提示、指引等信息。应对安装间内的设备设施、安全工器具、工作环境和其他物品的名称编号、状态、存放位置等情况进行标识。

（7）桥式起重机安装场地要能满足设备的承重、吊装区域等要求。

（8）重大物件摆放应在指定区域，并设置明显标示。

2. 参考图例

厂房区域分区封闭管理示例图如图1-77所示，设备安装与运行区域示例图如图1-78所示，安装间定、转子工棚布置示例图如图1-79所示，厂房安装间安全标志配置参考表见表1-13。

图1-77 厂房区域分区封闭管理示例图

图1-78 设备安装与运行区域示例图

图 1-79　安装间定、转子工棚布置示例图

表 1-13　　　　　　　　　　　厂房安装间安全标志配置参考表

安全标志牌	作业类型											
	开挖作业	电焊与气焊作业	起重吊装作业	高处作业	爆破作业	有限空间作业	临时施工用电作业	交叉及相邻作业	道路运输作业	脚手架工程	支架工程	大型模板工程
安全生产牌	○	○	○	○	√	○	√	○	○	√	√	√
安全施工记录牌	○	√	√	√	√	√	√	√	√	√	√	√
安全文明施工纪律牌	○	√	√	√	√	√	√	√	√	√	√	√
安全消防宣传牌	○	√	○	○	○	○	√	○	○	○	○	○
安全自查牌	○	√	√	√	√	√	√	√	√	√	√	√
职业病危害告知牌	○	√	√	√	√	√	√	√	○	○	○	○
工程概况牌	○	○	○	○	○	○	○	○	○	○	√	√
"十不干"告知牌	○	√	√	√	○	○	√	√	○	√	√	√
工程简介牌	○	○	○	○	○	○	○	○	○	√	√	√
工程组织结构牌	○	○	○	○	○	○	○	○	○	√	√	√
管理监督牌	○	○	○	√	○	√	○	√	○	√	√	√
管理目标牌	○	○	○	√	○	○	○	○	○	√	√	√

安全标志牌	作业类型											
	开挖作业	电焊与气焊作业	起重吊装作业	高处作业	爆破作业	有限空间作业	临时施工用电作业	交叉及相邻作业	道路运输作业	脚手架工程	支架工程	大型模板工程
农民工劳动权益告示牌	○	√	√	√	√	√	√	√	√	√	√	√
平面图牌	\	\	\	\	\	\	\	\	\	√	√	√
人员结构图牌	○	○	○	○	√	√	○	○	√	√	√	√
安全文明施工牌	○	√	√	√	√	√	√	√	√	√	√	√
消防保卫牌	○	√	√	√	√	○	√	○	○	○	○	○
效果图牌	○	○	○	○	○	○	○	○	○	○	○	○
责任牌	○	√	√	√	√	√	√	√	√	√	√	√
党建共建牌	○	√	√	√	√	√	√	√	√	√	√	√
风险告知牌	○	√	√	√	√	√	√	√	√	√	√	√

注　表中"○"表示根据实际情况选择配置；"√"表示必须配置；"\"表示不必配置。

1.7.3　水轮机设备安装

1. 基本要求和管理措施

（1）水轮机设备安装依据 GB/T 8564《水轮发电机组安装技术规范》、DL 5162《水电水利工程施工安全防护设施技术规范》、DL/T 5373《水电水利工程施工作业人员安全操作规程》、JGJ 46《施工现场临时用电安全技术规范》执行。

（2）大件吊装前，应明确各部件的外形尺寸、重量和重心，并对起吊设施、钢丝绳、葫芦、千斤顶等进行全面检查和维护。

（3）大件吊装前大件安装部位应清理干净，布置安全可靠的施工平台，配置安全照明，设置人行通道，并配置消防器材。

（4）进入施工现场的工作人员，应按规定佩戴安全帽和使用其他相应的个体防护用品。防护用品应符合 GB 39800.1《个体防护装备配备规范　第 1 部分：总则》的有关规定。

（5）各种施工设备应设置明显的标识，并按规程进行操作。

（6）使用桥式起重机吊装前，应检查轨道区域是否无异物及吊具状况是否良好，吊件下方（吊装区域）严禁站人，确保桥式起重机正常运行。吊装统一由专业人员指挥并与吊车司机协调好指挥信号。

（7）施工现场应配备照明和配电盘，配电盘应设置漏电和过电流保护装置。实行三相五线制和一机一闸一漏制，不允许一个开关带两台及两台以上焊机设备。配电箱、开关箱应有名称、负责人、分路标记，箱门应加锁。

（8）基坑内照明应使用 36V 以下的安全电源。潮湿部位应使用 12V 照明设备和灯具，尾水管里衬内应使用 12V 照明设备和灯具，不应将行灯变压器带入尾水管内使用。

（9）开关电器及电气装置应完好无损，装设端正、牢固，不得拖地放置。

（10）基坑清扫、测定和导水机构预装时，基坑内应搭设牢固的工作平台。

（11）导叶轴套、拐臂安装时，身体不得伸入轴套、拐臂下方。调整导叶端部间隙时，导叶处与水轮机室应有可靠的信号联系，转轮四周应设置防护网。

（12）转轮体内或轴孔内工作，应配备通风设备和个人防护用品，设专人监护。

（13）进行接力器关闭规律试验时，工作部位应设置防护栏及防护网，并布置安全照明。水车室及活动导叶处应无其他作业面施工。

（14）基坑内工作部位宜设置防护栏及防护网，并布置安全照明。

（15）油压试验应做好现场警戒，安排专人进行现场监护并悬挂警示标志，试验场地应配置防火器材，附近不得有明火作业。

（16）氧气、乙炔瓶距离保持 5m 以上，严禁在易燃易爆物品旁吸烟或乱丢烟头。

（17）进入转轮体内或轴孔内等清扫时，连续作业时间不宜过长，应配备通风设备和个人防护用品，设专人监护。

（18）严禁擅自挪动、拆除现场安全防护设施、器材、警示标识。

2. 参考图例

蜗壳临空安全围栏示例如图 1-80 所示，转轮吊装示例图如图 1-81 所示，顶盖组装安全防护示例图如图 1-82 所示，接力器液压试验安全防护示例图如图 1-83 所示。

图 1-80　蜗壳临空安全围栏示例

图 1-81　转轮吊装示例图

图 1-82　顶盖组装安全防护示例图

图 1-83　接力器液压试验安全防护示例图

1.7.4　发电机设备安装

1. 基本要求和管理措施

（1）发电机设备安装依据 GB/T 8564《水轮发电机组安装技术规范》、DL 5162《水电水利工程施工安全防护设施技术规范》执行。

（2）施工现场应配备照明和配电盘，配电盘应设置漏电和过电流保护装置。实行三相五线制和一机一闸一漏制。配电箱、开关箱应有名称、负责人、分路标记，箱门应加锁。

（3）开关电器及电气装置应完好无损，装设端正、牢固，不得拖地放置。带电导线与导线之间的接头应绝缘包扎，严禁搭、挂、压其他物体。电气装置的电源进线端应做固定连接。

（4）高处作业时，作业人员应佩戴安全带、安全绳等防护用品。宜根据施工具体情况，挂设水平安全网或设置相应的吊篮、吊笼、平台等设施。

（5）脚手架、爬梯、防护栏杆做到完整可靠、安全标志醒目。临时使用的脚手架平架摆放时应加固牢固、安全可靠，检查合格后方可使用。

（6）氧气、乙炔瓶摆放距离保持 5m 以上，严禁在易燃易爆物旁吸烟或乱丢烟头。

（7）工作中使用化学物品应佩戴手套、防护镜、防护衣和防护鞋。工作完后应及时洗手。

（8）焊接作业，应做好防火准备与做好个人防护。

（9）下部风洞盖板、定子、上机架、下机架及制动器基础埋设时，应架设脚手架、工作平台或安全防护栏杆，与水轮机室应有隔离防护措施。

（10）定子在基坑内组装时，发电机层基坑外围应设置高度不小于 1200mm 安全栏杆，并设有不低于 200mm 踢脚板；基坑内工作平台应牢固，走道、栏杆及梯子应安全可靠；孔洞应封闭，并设置安全网和安全标识。

（11）铁芯磁化试验时，现场应配备消防器材；定子周围应设临时围栏，悬挂安全标识，并设专人警戒。

（12）定子下线区域应搭设防尘工作棚并实行封闭管理，设置专人对进出下线区域的人员、工器具及材料进行检查、登记。

（13）定子调整过程中，对定子上下端绕组应采取防尘、防杂物进入绕组之间和防止电焊或气割飞溅烧伤绕组的保护措施。

（14）定子在基坑调整过程中，应在孔洞部位搭设安全网，作业人员应系安全带。贯流式机组定子翻身时应采用专用吊装工具并采取防变形措施。耐压试验时，现场应设临时护栏，悬挂安全标识，并设专人警戒。

2. 参考图例

定子组织防护示例如图 1-84 所示，发电机定子吊装区域防护示例如图 1-85 所示，定子铁芯槽防晕喷漆平台防护示例图如图 1-86 所示，转子吊装基坑安全防护示例如图 1-87 所示，发电机转子、定子防尘示例如图 1-88 所示，上机架吊装基坑围栏与安全网防护示例如图 1-89 所示。

图 1-84　定子组织防护示例图

图 1-85　发电机定子吊装区域防护示例图

图 1-86　定子铁芯槽防晕喷漆平台防护示例图

图 1-87　转子吊装基坑安全防护示例图

图 1-88　发电机转子、定子防尘示例图

图 1-89　上机架吊装基坑围栏与安全网防护示例图

1.7.5　辅助设备安装

1. 基本要求和管理措施

（1）辅助设备安装应依据 GB/T 8564《水轮发电机组安装技术规范》、DL 5162《水电水利工程施工安全防护设施技术规范》、DL/T 5373《水电水利工程施工作业人员安全操作规程》、JGJ 46《施工现场临时用电安全技术规范》、DL/T 5017《水电水利工程压力钢管制造安装及验收规范》执行。

（2）高处作业时，作业人员应佩戴安全带、安全绳等防护用品。宜根据施工具体情况，挂设水平安全网或设置相应的吊篮、吊笼、平台等设施。

（3）脚手架外侧应张挂密目式安全网封闭。当建筑物高度超过 4000mm 时，应设置一道随墙体逐渐上升的安全网，以后每隔 4000mm 再设一道固定安全网，网内缘与墙面间隙要小于 150mm；网最低点与下方物体表面距离要大于 3000mm。

（4）临时使用的脚手架平架摆放时应加固牢固、可靠，检查合格后方可使用。

（5）脚手架、爬梯、防护栏杆做到完整可靠、安全标志醒目。

（6）施工现场应配备照明和配电盘，配电盘应设置漏电和过电流保护装置。实行三相五线制和一机一闸一漏制。配电箱、开关箱应有名称、负责人、分路标记，箱门应加锁。

（7）进入蝴蝶阀和球阀、钢管内检查或工作时，应关闭油源，投入机械锁锭，并挂上"有人工作，禁止操作"安全标识。

（8）电焊作业，作业人员正确佩戴个人防护用品，作业现场配备灭火器材，设专人监护。

（9）调速系统充油、充气前，各部阀门应处于正确位置，各施工部位应无杂物，并挂安全标识与设专人进行监护。

（10）水轮机室和蜗壳内工作区域应有足够的照明，不得将身体伸入活动导叶间，各活动部位应有专人监护和悬挂安全标识牌。

（11）油系统管路需酸洗时，在配制酸洗和钝化液时应戴口罩、防护镜、防酸手套，穿好防酸胶鞋等防护用品。用酸清洗管子时，应穿戴好规定的防护用品，酸、碱液槽应加盖，并设安全标识。

（12）油罐内部清扫刷漆应派专人在罐外监护，罐内作业人员应经常轮换，并戴专用防毒面具，穿专用工作服和工作鞋。做好罐内通风措施。

（13）在梯子上作业时，梯子安放牢固稳定，梯脚应有防滑装置。

（14）通风设备安装时作业平台应搭设牢固，应有妥善的保护措施，个人防护用品应佩戴齐全；安全带、安全绳应挂在安全可靠的固定物体上。

2. 参考图例

球阀吊装前安全技术交底示例图如图 1-90 所示，球阀安装个人防护示例图如图 1-91 所示，管路焊接个人防护示例图如图 1-92 所示，防异物管口套示例图如图 1-93 所示。

图 1-90　球阀吊装前安全技术交底示例图

图 1-91　球阀安装个人防护示例图

图 1-92　管路焊接个人防护示例图

图 1-93　防异物管口套示例图

1.7.6 尾闸设备安装

1. 基本要求和管理措施

（1）尾水闸门安装按照 GB/T 14173《水利水电工程钢闸门制造、安装及验收规范》、SL/T 381《水利水电工程启闭机制造安装及验收规范》执行。

（2）闸门大件吊装前，起重工应明确各部件的外形尺寸、重量和重心，并对起吊设施、钢丝绳、葫芦、千斤顶等进行全面检查和维护。

（3）在明显位置设置五牌一图、出入人员信息公示牌、施工工序牌及各类标示标牌。

（4）施工现场应配备照明和配电盘，配电盘应设置漏电和过电流保护装置。实行三相五线制和一机一闸一漏制。配电箱、开关箱应有名称、负责人、分路标记，箱门应加锁。

（5）闸门大件吊装前大件安装部位应清理干净，布置可靠的施工平台，配置安全照明，设置人行通道，并配置消防器材。

（6）进入施工现场的工作人员，应按规定佩戴安全帽和使用其他相应的个体防护用品。防护用品应符合 GB 39800.1《个体防护装备配备规范 第 1 部分：总则》的有关规定。

（7）各种施工设备应设置明显的标识，并按操作规程进行操作。

（8）使用桥式起重机吊装前，应检查轨道区域是否无异物及吊具状况是否良好，吊件下方（吊装区域）严禁站人，确保桥式起重机正常运行。吊装统一由专业人员指挥并与司机协调好指挥信号。

（9）尾闸室照明应使用 36V 以下的安全电源。潮湿部位应使用 12V 照明设备和灯具，不应将行灯变压器带入尾水管内使用。

（10）闸门焊接作业场所狭窄，应注意烟火与通风。氧气、乙炔瓶的摆放距离保持 5m 以上，严禁在易燃易爆物品旁吸烟或乱丢烟头。

（11）尾闸井口应设置安全围栏、安全警示牌。

（12）严禁擅自挪动、拆除现场安全防护设施、器材、警示标识。

2. 参考图例

尾闸浇筑作业示例图如图 1-94 所示，尾闸闸门安装示例图如图 1-95 所示。

1.7.7 主变压器设备安装

1. 基本要求和管理措施

（1）主变压器设备安装依据 GB 50300《建筑工程施工质量验收统一标准》、GB 50303《建筑电气工程施工质量验收规范》、GB 50150《电气装置安装工程 电气设备交接试验标准》、DL/T 5161.1《电气装置安装工程质量检验及评定规程 第 1 部分：通则》、GB 50149《电气装置安装工程 母线装置施工及验收规范》、JGJ 46《施工现场临时用电安全技术规范》、GB 50148《电气装置安装工程 电力变压器、油浸电抗器、互感器施工验收规范》执行。

（2）在明显位置设置五牌一图、出入人员信息公示牌、施工工序牌及各类标示标牌。

（3）施工现场应设置明显安全警告标志。在主要施工部位、作业点、危险区、主要通道口挂设安全宣传标语或安全警告牌。施工中有专人监护，无关人员不得入内。

（4）吊装作业严格按照吊装规程操作，吊装作业时，专人对所使用的吊索、吊具进行检查，检查合格后方可使用。使用导链移动变压器时，注意对导链进行作业前检查，确保安全。

（5）施工现场应配备照明和配电盘，配电盘应设置漏电和过电流保护装置。实行三相五线制和一机一闸一漏制。配电箱、开关箱应有名称、负责人、分路标记，箱门应加锁。临时用电开关箱要防潮、绝缘并加锁，接地符合要求。

（6）脚手架、爬梯、防护栏杆做到完整可靠、安全标志醒目，临时使用的脚手架平架摆放时应加固牢固、可靠，检查合格后方可使用。

（7）电焊作业，作业人员正确佩戴个人防护用品，作业现场配备灭火器材，设专人监护。

（8）使用工具时应对工具状态进行安全检查，工具上易脱落的零件应采取安全措施，防止不慎脱落。

2. 参考图例

主变压器本体定位示例图如图 1-96 所示。

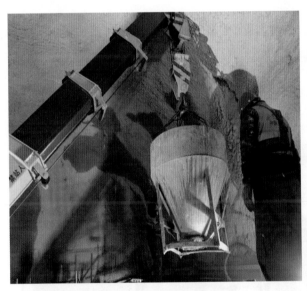

图 1-94　尾闸浇筑作业示例图

图 1-95　尾闸闸门安装示例图

图 1-96　主变压器本体定位示例图

1.7.8 开关站设备安装

1. 安全防护设施要求

（1）开关站区域应进行封闭管理，出入口设置人脸识别门禁系统。进入施工区域施工的员工应持工作牌进入施工现场，并进行信息登记，严禁与施工区域安装工作无关的人员进入现场施工作业。

（2）在明显位置设置五牌一图、出入人员信息公示牌、施工工序牌及各类标示标牌。

（3）施工现场应配备照明和配电盘，配电盘应设置漏电和过电流保护装置。实行三相五线制和一机一闸一漏制。配电箱、开关箱应有名称、负责人、分路标记，箱门应加锁。

（4）焊接时，作业人员应正确佩戴安全帽及防护用品，焊机电源开关实行一机一闸及接地可靠。

（5）登高作业人员应系好安全带，高处作业使用的工器具保存在工具袋中，使用中有可能坠下伤人的工具用安全绳绑好。

（6）严禁从高处向下抛掷工具、材料等，应使用传递绳。

（7）附件吊装，由专业人员指挥和操作起重机械，起吊前应认真检查吊具是否符合要求。吊臂及吊物下严禁任何人逗留或通过，使用传递绳上下传递物品。

（8）起吊时，应使用设备提供的专用吊点起吊，安装套管时应采用一钩一绳法吊装，利用手拉葫芦调节就位角度；就位后，紧固好安装螺栓才允许解绳松钩。

2. 参考图例

开关站出线场安全围栏示例如图 1-97 所示，开关站工程安全标志配置参考见表 1-14。

图 1-97　开关站出线场安全围栏示例图

表 1-14　　　　　　　　　　　　　　开关站工程安全标志配置参考表

安全标志牌	作业类型											
	开挖作业	电焊与气焊作业	起重吊装作业	高处作业	爆破作业	有限空间作业	临时施工用电作业	交叉及相邻作业	道路运输作业	脚手架工程	支架工程	大型模板工程
安全生产牌	○	○	○	○	√	○	√	○	○	√	√	√
安全施工记录牌	○	√	√	√	√	√	√	√	√	√	√	√
安全文明施工纪律牌	○	√	√	√	√	√	√	√	√	√	√	√
安全消防宣传牌	○	√	○	○	○	○	√	○	○	○	○	○
安全自查牌	○	√	√	√	√	√	√	√	√	√	√	√
职业病危害告知牌	○	√	○	○	○	○	○	○	○	○	○	○
工程概况牌	○	○	○	○	○	○	○	○	○	○	○	√
"十不干"告知牌	√	√	√	√	○	○	○	○	○	○	○	○
工程简介牌	○	○	○	○	○	○	○	○	○	○	○	√
工程组织结构牌	○	○	○	○	○	○	○	○	○	○	○	√
管理监督牌	○	○	○	○	√	○	○	○	○	○	○	√
管理目标牌	○	○	○	○	√	○	○	○	○	○	○	√
农民工劳动权益告示牌	○	√	√	√	√	√	√	√	√	√	√	√
平面图牌	\	\	\	\	\	\	\	\	\	√	√	√
人员结构图牌	○	○	○	○	√	○	○	○	○	√	√	√
安全文明施工牌	○	√	√	√	√	√	√	√	√	√	√	√
消防保卫牌	○	√	√	○	√	○	√	○	○	○	○	○
效果图牌	○	○	○	○	√	○	○	○	○	○	√	√
责任牌	○	√	√	√	√	√	√	√	√	√	√	√
党建共建牌	○	√	√	√	√	√	√	√	√	√	√	√
风险告知牌	○	√	√	√	√	√	√	√	√	√	√	√

注　表中"○"表示根据实际情况选择配置；"√"表示必须配置；"\"表示不必配置。

1.7.9 水轮发电机组启动试运行

1. 基本要求和管理措施

（1）机组及机电设备、管路的永久标识应安装完成，设备应可靠接地。试验区域应设置警示围栏，高压及带电部位应悬挂警示标识。

（2）水轮发电机组启动试运行现场应干净整洁、照明充足、道路畅通。各部位通信应顺畅。应急照明应投运，方向指示清晰，区域内应备有足够的消防器材。

（3）水车室应清扫干净无油污，行走通道应稳固，防护栏杆应牢靠，通信应畅通，信号装置应可靠。

（4）调速系统应悬挂标牌、标识清晰，栏杆、隔离措施应可靠，通信应畅通，信号装置及紧急停机按钮应动作可靠。

（5）水轮发电机组火灾报警及水喷雾灭火装置经模拟试验，动作准确，方可投入运行。

（6）引水及尾水系统管道及闸（阀）门应可靠封堵隔离，所有进人孔（门）应严密封闭。

（7）试运行区域、调试区域应封闭隔离。

（8）调试中断或需离开工作岗位时，应切除油压，并中断电源，挂上"严禁操作"安全标识。在试验过程中，工作人员不得擅离岗位。

2. 参考图例

高压试验隔离示例图如图 1-98 所示，试运行隔离示例图如图 1-99 所示，调试区域隔离示例图如图 1-100 所示，设备运行隔离示例图如图 1-101 所示，充水试验区域安全监护示例图如图 1-102 所示。

图 1-98　高压试验隔离示例图

图 1-99 试运行隔离示例图

图 1-100 调试区域隔离示例图

图 1-101 设备运行隔离示例图

图 1-102 充水试验区域安全监护示例图

1.8 砂石料生产系统

1.8.1 基本要求

（1）砂石料生产系统应统一规划，合理布置，远离生活区，若无法远离生活区应采取隔声、隔离措施。

（2）施工生产区域应实行封闭管理。主要进出口处应设有明显警示标志，与施工无关的人员不得进入施工区域。在危险作业场所应设有事故报警及紧急疏散通道。封闭系统应设计负荷，保障可靠承受风、雪等气象荷载。

（3）应根据施工组织设计和施工总平面布置图，做好生产区、办公生活区、交通、供用电、供排水等整体布置。生产、生活设施严禁布置在受洪水、山洪、滑坡体及泥石流威胁的区域。

（4）生产施工应执行国家有关环境保护和职业卫生"三同时"制度，即治理污染和治理职业危害的设施应与项目同时设计、同时施工、同时投入生产和使用。

（5）应保持施工现场整洁、道路畅通。

砂石料生产系统封闭管理示例图如图 1-103 所示。

图 1-103　砂石料生产系统封闭管理示例图

1.8.2　砂石料生产系统设施布置

1. 基本要求和管理要点

（1）砂石料生产系统进口处应设置"五牌一图"、安全风险告知牌等标识牌。

（2）各类设备事故开关应安装在醒目、易操作的位置，尤其在皮带沿线设置紧急事故开关，标志明显且应设置防风防雨措施。

（3）系统场区内应设置监控及供料控制等设施，以便规范、安全生产。

（4）设备设施做好日常维护，保证正常供料，安全通道设施应设有警示标识、污水处理装置设置安全防护围栏并悬挂警示标识。

（5）胶带机、破碎机等设备应粘贴安全操作规程，配防护罩，避免石料运输过程伤人。

（6）进出砂石料生产系统的道路应进行硬化，车辆进出不得超载超速。

2.参考图例

砂石料生产系统示例图如图 1-104 所示,砂石料筛分机械系统示例图如图 1-105 所示,砂石料生产示例图如图 1-106 所示,砂石料产品料仓示例图如图 1-107 所示。

图 1-104　砂石料生产系统示例图

图 1-105　砂石料筛分机械系统示例图

图 1-106　砂石料生产示例图

图 1-107　砂石料产品料仓示例图

1.8.3　环境管理

1.基本要求和管理要点

配置与碎石系统相匹配的污水处理装置,生产废水经污水处理后回收利用。

2.参考图例

污水处理装置全貌示例图如图 1-108 所示,砂石料生产系统示例图如图 1-109 所示,砂石料生产系统安全标志配置参考表见表 1-15。

图 1-108　污水处理装置全貌示例图

图 1-109　砂石料生产系统示例图

表 1-15　　　　　　　　　　　　砂石料生产系统安全标志配置参考表

安全标志牌	作业类型											
	开挖作业	电焊与气焊作业	起重吊装作业	高处作业	爆破作业	有限空间作业	临时施工用电作业	交叉及相邻作业	道路运输作业	脚手架工程	支架工程	大型模板工程
安全生产牌	○	○	○	○	√	○	√	○	○	√	√	√
安全施工记录牌	○	√	√	√	√	√	√	√	√	√	√	√
安全文明施工纪律牌	○	√	√	√	√	√	√	√	√	√	√	√
安全消防宣传牌	○	√	○	○	○	○	√	○	○	○	○	○

续表

安全标志牌	作业类型											
	开挖作业	电焊与气焊作业	起重吊装作业	高处作业	爆破作业	有限空间作业	临时施工用电作业	交叉及相邻作业	道路运输作业	脚手架工程	支架工程	大型模板工程
安全自查牌	○	√	√	√	√	√	√	√	√	√	√	√
职业病危害告知牌	○	√	○	○	○	○	○	○	○	○	○	○
工程概况牌	○	○	○	○	○	○	○	○	○	√	√	√
"十不干"告知牌	○	√	√	√	√	√	√	√	√	○	○	○
工程简介牌	○	○	○	○	○	○	○	○	○	√	√	√
工程组织结构牌	○	○	○	○	○	○	○	○	○	√	√	√
管理监督牌	○	○	○	○	√	○	○	○	○	√	√	√
管理目标牌	○	○	○	○	√	○	○	○	○	√	√	√
农民工劳动权益告示牌	○	√	√	√	√	√	√	√	√	√	√	√
平面图牌	\	\	\	\	\	\	\	\	\	√	√	√
人员结构图牌	○	○	○	○	√	√	○	○	√	√	√	√
安全文明施工牌	○	○	√	√	√	√	√	√	√	√	√	√
消防保卫牌	○	√	○	○	○	√	√	○	√	○	○	○
效果图牌	○	○	○	○	○	○	○	○	○	√	√	√
责任牌	○	√	√	√	√	√	√	√	√	√	√	√
党建共建牌	○	√	√	√	√	√	√	√	√	√	√	√
风险告知牌	○	√	√	√	√	√	√	√	√	√	√	√

注 表中"○"表示根据实际情况选择配置;"√"表示必须配置;"\"表示不必配置。

1.9 混凝土拌合系统

1.9.1 基本要求

（1）混凝土拌合系统应统一规划，合理布置，远离生活区，若无法远离生活区，则应采取隔声、隔离措施，拌合加工场区域场地及道路需进行硬化。

（2）混凝土拌合系统作业面应进行封闭式管理。主要进出口处应设有明显警示标志和安全文明生产规定，与施工无关的人员不得进入施工区域。在危险作业场所应设有事故报警及紧急疏散通道。

（3）施工前，施工单位应严格按照 SL 303《水利水电工程施工组织设计规范》的要求，按照施工组织设计确定的施工方案，制定安全技术措施，报合同指定单位审批并向施工人员交底后，方可施工。

（4）施工中，应加强生产调度和技术管理，合理组织施工程序，尽量避免多层次、多单位交叉作业。

（5）施工现场电气设备和线路应绝缘良好，并配备防漏电保护装置。

（6）施工现场高处作业应严格遵守 DL/T 5371《水电水利工程土建施工安全技术规程》有关规定。

拌合系统全封闭示例图如图 1-110 所示。

图 1-110　拌合系统全封闭示例图

1.9.2　设施布局及环境管理

1. 基本要求和管理要点

（1）混凝土拌合系统应设置"五牌一图"、安全风险告知牌、职业危害告知牌等。

（2）对拌合楼、料仓、制冷车间、地磅、污水池、输送等各系统布置做到科学合理、整齐有序，结构设计合理做到避免撒料，且严格按 NB/T 35005《水电工程混凝土生产系统设计规范》、DL 5162《水电水利工程施工安全防护设施技术规范》要求实施，作业平台、安全通道及防护、警示、各类信号装置、消防等设施安全、规范。

（3）生产中对各系统应定期进行清理、维护，严禁厂区内积水、材料任意堆放，生活、建筑垃圾及时清理，生产废水沉淀达标后排放。

（4）拌合站封闭系统应设计负荷，保障可靠承受风、雪等气象荷载。密切关注天气预报，大风、大雨季节及时做好防风雨措施，设置抗风拉筋，安装避雷针并有效接地。

（5）拌合楼车辆回转及停放应统一规划、标识，停放整齐有序，场地应保持整洁。

（6）各设备严格按照维护保养要求定期进行维护、保养，对特种设备严格按照特种设备管理技术要求取证、年检。

（7）寒冷地区应考虑冬季保温措施，以及骨料加热和热水拌合等措施。拌合楼需配置冲洗车辆装置，做好粉尘控制，避免将粉尘带到场内道路和地下洞室内。

2. 参考图例

拌合系统全封闭物料定置管理示例图如图 1-111 所示，拌合站雾炮机降尘示例图如图 1-112 所示。

图 1-111　拌合系统全封闭物料定置管理示例图　　　　图 1-112　拌合站雾炮机降尘示例图

1.9.3　拌合楼安全防护管理

1. 基本要求和管理要点

（1）拌合楼应在明显位置设置安全风险告知牌、职业危害告知牌等安全标识。

（2）拌合楼应设置稳定牢固的防护栏杆，通风、照明系统运转正常。

（3）拌合楼出料处地面应硬化并保持整洁。

（4）拌合楼拆除时应划定安全警戒区，封闭通道口并设专人监护。上层拆除时，下方应设安全网。

（5）现场应配备安全绳、灭火器、防毒面具等防护用品。

2. 参考图例

拌合楼安全防护示例图如图 1-113 所示，混凝土拌合系统安全标志配置参考表见表 1-16。

图 1-113　拌合楼安全防护示例图

表 1-16　　　　　　　　　混凝土拌合系统安全标志配置参考表

安全标志牌	作业类型											
	开挖作业	电焊与气焊作业	起重吊装作业	高处作业	爆破作业	有限空间作业	临时施工用电作业	交叉及相邻作业	道路运输作业	脚手架工程	支架工程	大型模板工程
安全生产牌	○	○	○	○	√	○	√	○	○	√	√	√
安全施工记录牌	○	√	√	√	√	√	√	√	√	√	√	√
安全文明施工纪律牌	○	√	√	√	√	√	√	√	√	√	√	√
安全消防宣传牌	○	√	○	○	○	○	√	○	○	○	○	○
安全自查牌	○	√	√	√	√	√	√	√	√	√	√	√
职业病危害告知牌	○	√	○	○	○	○	○	○	○	○	○	○
工程概况牌	○	○	○	○	○	○	○	○	○	√	√	√
"十不干"告知牌	○	√	√	√	○	○	○	○	√	○	○	○
工程简介牌	○	○	○	○	○	○	○	○	○	√	√	√
工程组织结构牌	○	○	○	○	○	○	○	○	○	○	○	○
管理监督牌	○	○	○	○	√	○	√	○	○	√	√	√
管理目标牌	○	○	○	○	√	○	○	○	○	√	√	√

续表

安全标志牌	作业类型											
	开挖作业	电焊与气焊作业	起重吊装作业	高处作业	爆破作业	有限空间作业	临时施工用电作业	交叉及相邻作业	道路运输作业	脚手架工程	支架工程	大型模板工程
农民工劳动权益告示牌	○	√	√	√	√	√	√	√	√	√	√	√
平面图牌	\	\	\	\	\	\	\	\	\	√	√	√
人员结构图牌	○	○	○	○	√	○	○	○	√	√	√	√
安全文明施工牌	○	√	√	√	√	○	√	√	√	√	√	√
消防保卫牌	○	√	√	√	√	○	√	√	√	√	√	√
效果图牌	○	√	√	√	√	○	√	√	√	√	√	√
责任牌	○	√	√	√	√	√	√	√	√	√	√	√
党建共建牌	○	√	√	√	√	√	√	√	√	√	√	√
风险告知牌	○	√	√	√	√	√	√	√	√	√	√	√

注　表中"○"表示根据实际情况选择配置；"√"表示必须配置；"\"表示不必配置。

1.10　隧道掘进机施工安全设施

本节主要依据 DL/T 5370《水电水利工程施工通用安全技术规程》、DL/T 5373《水电水利工程施工作业人员安全操作规程》等要求编制。

1.10.1　基本要求

（1）排水廊道内施工管线分别布置高压电缆、照明电缆、风袋、进水管、出水管和污水管。隧洞内三级配电柜提供照明用电电源，施工隧洞内采用灯带照明，沿隧洞右侧洞壁布置。

（2）区域明显位置设置五牌一图、出入人员信息公示牌、施工工序牌及各类标示标牌。

（3）隧洞内应安装气体检测装置，实时检测氧气浓度。进入隧洞内作业前应由检测人员先进入作业面进行有害气体及氧气含量检测，检测频率、检测结果满足规程规范要求后，才能允许施工人员进行施工。

（4）挖掘机械的工作范围内严禁无关人员停留，在后退时连续鸣号示警。

（5）施工现场应有足够的照明，现场照明线路应绝缘良好。

（6）用电线路做到统一布置、统一规划，施工用电线路敷设应采用三相五线制布置，用电设备应接地保护，严格实行"一机、一闸、一漏保"制度。所有电闸箱统一编号，外涂安全标志，箱内无杂物，箱门上锁，箱内贴电路图，由专人负责。所有配电箱、开关均设剩余电流动作保护器。

（7）现场的电线使用电缆，严禁使用花线、胶质线。电缆在洞壁上架空布设。电缆接头做好防水处理。

（8）洞内施工区域实施封闭式管理，禁止独自进洞。

（9）洞内应有足够的照明，照明灯的固定装置应是非金属、防水、防风的材料。

（10）洞内应设置通风、粉尘和有毒有害气体防治设施，采用先进的通风设备和辅助通风、降尘、降温技术。辅助通风技术主要是利用辅助通风措施，消除一些污染源，加快洞内空气循环。应定期检查洞内的有毒有害气体。

（11）洞内严禁生火、禁止吸烟。

（12）隧洞支护前，应敲帮问顶，将活矸石处理掉，确保安全，方可作业。

1.10.2 小断面 TBM

1. 布置要求

（1）小断面 TBM 适用于高压管道排水廊道、地下厂房排水廊道、自流排水洞等小断面隧道施工，应制定专项施工方案，明确施工布置图。

（2）洞内始发和拆机需要开挖组装和拆卸洞室，底板采用混凝土硬化。沿 TBM 洞轴线方向布置 1 台跨距 6.5m 门式起重吊进行 TBM 组装和材料吊装作业，转渣皮带机坑位于组装洞进洞 6m 左右位置。

（3）石渣及物料采用有轨水平运输方式，TBM 掘进的同时切削的破碎岩渣从刀盘溜渣槽进入刀盘中心的主机皮带机输送到后配套后面的梭式矿车内，梭式矿车通过牵引机车运输至洞口转渣皮带系统，通过转渣皮带机输送至自卸汽车，运至永久弃碴场。

（4）施工高压 10kV 电缆采用电缆挂钩沿隧道右侧洞壁挂设，隧洞照明利用隧洞内三级配电柜提供照明用电电源，施工隧洞内采用灯带照明，沿隧洞右侧洞壁布置。

2. 参考图例

隧道掘进机（以下简称"TBM"）内部构造示例图如图 1-114 所示。TBM 外观构造示例图如图 1-115 所示，TBM 洞内组装示例图如图 1-116 所示，主厂房自流排水 TBM 施工路径示例图如图 1-117 所示，TBM 施工洞内管线布置示例图如图 1-118 所示，TBM 监控室示例图如图 1-119 所示，TBM 施工渣运系统布置示例图如图 1-120 所示，小断面 TBM 始发区安全设施布置示例图如图 1-121 所示，小断面 TBM 施工支护示例图如图 1-122 所示，排水廊道 TBM 掘进通道示例图如图 1-123 所示。

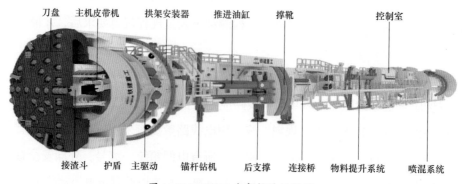

图 1-114　TBM 内部构造示例图

图 1-115　TBM 外观构造示例图

图 1-116　TBM 洞内组装示例图

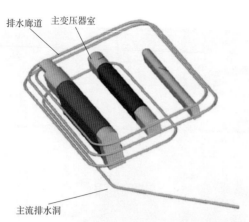

图 1-117 主厂房自流排水 TBM 施工路径示例图

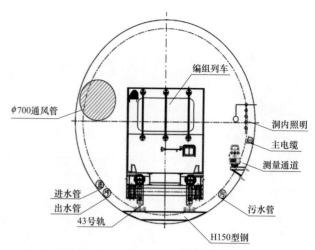

图 1-118 TBM 施工洞内管线布置示例图

图 1-119 TBM 监控室示例图

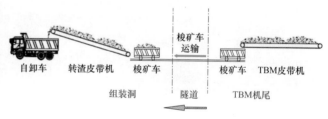

图 1-120 TBM 施工渣运系统布置示例图

图 1-121 小断面 TBM 始发区安全设施布置示例图

图 1-122　小断面 TBM 施工支护示例图

图 1-123　排水廊道 TBM 掘进通道示例图

1.10.3　大断面 TBM

1. 布置要求

（1）大断面 TBM 适用于交通洞、通风洞、引水斜井等隧洞施工。

（2）TBM 的组装和拆机应在两个洞口完成，TBM 宜从通风洞口始发，穿越地下厂房后，降坡到交通洞，在交通洞口拆机。

（3）TBM 设备的主机为双护盾式，后配套为敞形式，最小转弯半径 90m，隧洞路线纵坡小于 10%，搭载钢筋排、钢拱架、锚杆、喷混凝土施工支护系统。

（4）TBM 出渣利用 TBM 自带皮带机将开挖料运输到尾部，然后装自卸汽车，自卸汽车运输至弃渣场。

2. 参考图例

TBM 掘进机洞口始发示例图如图 1-124 所示，TBM 施工出渣示例图如图 1-125 长距离、高速率、急转弯皮带出渣系统示例图如图 1-126 所示，喷混机械手布置示例图如图 1-127 所示，现场支护示例图如图 1-128 所示。

图 1-124　TBM 掘进机洞口始发示例图

图 1-125　TBM 施工出渣示例图

图 1-126　长距离、高速率、急转弯皮带出渣系统示例图

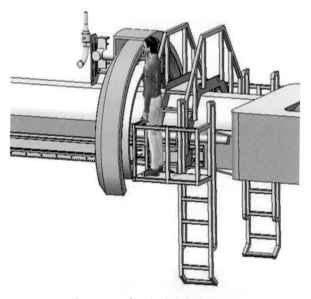

图 1-127　喷混机械手布置示例图

图 1-128　现场支护示例图

1.10.4　竖井 SBM

1. 布置要求

（1）SBM 竖井掘进机适用于软土、软岩、硬岩、破碎、富水等多种地层条件下的竖井施工。

（2）作业区域明显位置设置五牌一图、出入人员信息公示牌、各类安全标示标牌。

（3）SBM 竖井掘进机设备采用刀盘开挖，刮板机清渣，斗式提升机提渣，储渣仓储渣，最终由吊桶装渣，提升机提升出井。全断面机械开挖，施工精度高，盲井施工，开挖、出渣、砌壁同步施工，设备掘进机可地面远程控制。

（4）SBM 竖井掘进机设备集成了开挖掘进系统、清渣、出渣系统、井壁支护系统、通风系统。

（5）竖井 SBM 施工路线，从井口向下一次开挖成型，利用井口的提升系统出渣到井口，再装自卸汽车运至渣场，通风竖井开挖完成后，在底部拆机，从通风洞运输出去。

2. 参考图例

竖井 SBM 掘进机示例图如图 1-129 所示，竖井 SBM 施工场地整体示例图如图 1-130 所示，竖井 SBM 设备安全防护示例图如图 1-131 所示，竖井 SBM 设备施工通风示例图如图 1-132 所示。

图 1-129　竖井 SBM 掘进机示例图

图 1-130　竖井 SBM 施工场地整体示例图

图 1-131　竖井 SBM 设备安全防护示例图

图 1-132　竖井 SBM 设备施工通风示例图

1.10.5　斜井 TBM

1. 布置要求

（1）作业区域明显位置设置五牌一图、出入人员信息公示牌、各类安全标示标牌。

（2）斜井 TBM 搭载有支护系统、双重防溜车装置、重载物料运输系统。其中支护系统包括：钢筋排、钢拱架、锚杆、喷混凝土。现场应将操作规程悬挂在明显位置，操作人员严格遵守操作规程要求。

（3）安装完工后，施工单位需组织安全、质量联合检查，并经空载、重载试验，验收合格后方可投入使用，并定期检查、维保。

（4）引水斜井 TBM 施工总体流程：引水下平洞组装洞室及始发洞段进行 TBM 成套设备组装，调试及始发，引水斜井 TBM 掘进支护施工，TBM 设备在引水斜井拆机洞室拆机，施工支洞运出。

2. 参考图例

斜井 TBM 构造示例图如图 1-133 所示，斜井 TBM 始发区安全设施布置示例图如图 1-134 所示。

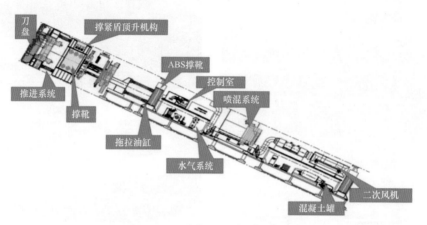

图 1-133　斜井 TBM 构造示例图

图 1-134　斜井 TBM 始发区安全设施布置示例图

第 2 章

生活办公区域标准化

为提升抽水蓄能电站生活办公区域标准化管理，生活办公区域标准化设施布置应满足以下总体要求：

（1）办公生活区应进行区域划分，办公区、生活区与施工生产区不宜太近，避免施工粉尘与噪声。

（2）选址应避免建在可能发生滑坡、坍塌、泥石流、山洪等危险地段和低洼积水区域，并与水源保护区、水库泄洪区、濒险水库下游地段、高压线和危房等保持安全距离，且应避开易产生强噪声、粉尘、烟雾和有害气体的区域。营地选址、布局应与施工组织设计的总体规划协调一致。

（3）施工生产和办公生活的临时设施按功能分区布置。

（4）办公区通道（大厅、过道、楼道、电梯）畅通，无杂物堆放，干净整洁，标识明显且无损坏。

（5）按照 GB 50057《建筑物防雷设计规范》要求安装防雷设施。

（6）办公区域应配置消防器材，设置应急疏散通道，定期开展消防演练。

（7）如办公生活区使用一年以上，生活区内道路应做硬化处理，定期维护，确保道路安全畅通。

（8）营地建设应满足安全、文明施工管理标准和质量、环境、职业健康安全管理标准的要求。

（9）营地建设要充分展示企业形象，统筹考虑企业形象宣传标准和企业文化建设，全面推行标准营地建设。

（10）房屋建筑要满足结构设计要求和消防要求，特别使用的建筑材料要有阻燃材质证明。

2.1　大门

1. 布置要求

（1）营区大门原则应包括大门、围栏、人员通行侧门、值班岗亭（门卫室）、单位标识、警示牌、责任牌、门口交通提示、整装镜、灯箱等。施工单位营区可根据实际情况进行调整。

（2）营区大门口应设置减速带。

（3）责任牌、警示牌应统一悬挂高度。

（4）为保障人员及财产安全，应设置视频监控系统。

2. 参考图例

施工单位办公生活营地示例图如图 2-1 和图 2-2 所示。

图 2-1 施工单位办公生活营地示例图（一）

图 2-2 施工单位办公生活营地示例图（二）

2.2 会议室

1. 布置要求

（1）会议室主要布置工程简介、项目组织机构、管理目标牌、单位标志牌、工程施工进度横道图、晴雨表、施工总平面布置图等。

（2）会议室需配置良好的通风、照明、消防设备，并满足使用需求。

（3）会议台、椅、供水设施等应满足使用，会议室内应每天进行清扫，保持干净、整洁的环境。

（4）室内宜配置 USB 充电口、充电线或满足参会人员充电使用的移动插座等。

（5）会议室设备设施等应按规范要求采取接地及安装烟感报警装置。

（6）会议室根据项目部最大与会人数确定，会议室背景墙宽高比例宜为 3∶2。

2. 参考图例

会议室布置示例图如图 2-3 和图 2-4 所示。

图 2-3 会议室布置示例图（一）

图 2-4 会议室布置示例图（二）

2.3 办公室

1. 布置要求

（1）施工单位办公区与生活区、施工区域隔离，办公区域可考虑绿化措施。

（2）施工单位项目部办公室应根据工程实际将有关重要内容粘贴公示，各部门可根据实际情况粘贴职责、制度牌、应急组织机构图、消防平面布置图、企业文化宣传牌等。

（3）办公室明亮通风良好，办公桌、文件柜摆放整齐，无灰尘积聚，办公室墙体应整洁无污染物，办公室设废弃物收集箱。

（4）应基于风险配备常用急救药品及绷带、止血带、颈托、担架等急救器材。

（5）办公室大小根据项目部需求确定。设备设施等应按规范要求采取接地及安装烟感报警装置。

2. 参考图例

办公室布置示例图如图 2-5 和图 2-6 所示。

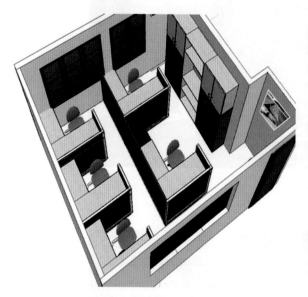

图 2-5　办公室布置示例图（一）

图 2-6　办公室布置示例图（二）

2.4　档案室

1. 布置要求

（1）档案保管时需按照不同专业分类储存。在柜体上粘贴分类编码和名称，在柜门上罗列柜内档案的档案号和名称，并纵向排列。

（2）柜内的档案资料按照从左到右，从上到下顺序整齐排列。在档案盒的背脊处打印档案名称和编码。

（3）档案室作为重点防火部位，应粘贴重点防火部位标识，配置消防设备设施，并关注档案室内的通风、照明。

（4）定期对档案室内的通风、照明、消防设备进行检查，确保满足使用需求。

（5）设备设施等应按规范要求采取接地及安装烟感报警装置。

2. 参考图例

档案柜布置示例图如图 2-7 和图 2-8 所示。

图 2-7 档案柜布置示例图（一）

图 2-8 档案室布置示例图（二）

2.5 生活区宿舍

1. 布置要求

（1）宿舍选址不应设置在易发生滑坡的山体或高边坡下部，基础需稳固，且易受台风、极端气候影响的区域需做好房屋的压顶、加固。

（2）宿舍建造应采用阻燃材料，并配置灭火器。

（3）生活区宿舍需设置良好的保暖和防暑措施，室内保持通风、干净、整洁。

（4）生活区应定期消毒，预防各类传染性疾病，并制定防蚊蝇、防鼠措施。

（5）生活区宿舍应低压用电，严禁使用大功率电器或使用明火，严禁将电器放在床上充电或将移动插座放在床上，以防过热或电火花导致火灾。

（6）生活区应设置水冲式厕所，厕所地面应硬化，门窗齐全，厕所应设专人负责，定时进行清扫、冲刷、消毒，防止蚊蝇滋生。

（7）生活区设备设施等应按规范要求采取接地与防雷措施及安装烟感报警装置。

2. 参考图例

生活区宿舍布置示例图如图 2-9 所示。

图 2-9　生活区宿舍布置示例图

2.6　厨房及食堂

1. 布置要求

（1）厨房及食堂应远离厕所、垃圾站、有毒有害场所或污染源，且不宜设置于其下风侧，应独立设置、保持环境卫生整洁。

（2）食堂应有健全的生活卫生和预防食物中毒的管理制度。地面应铺设地板砖，矿棉板吊顶，配备餐桌、灭蚊灯等设施，墙上粘贴安全宣传画、食品卫生安全、节水、节粮等方面的提示或图片。

（3）厨房设置专用的洗涤池、清洗池和消毒池，配备冷藏柜、消毒柜和消防器材；食堂应有卫生许可证，厨房炊事人员应持身体健康证上岗，并设食品安全信息公示栏。

（4）排水沟出口设置金属防鼠网，食堂外设置化粪池、隔油池和澄清池等并定期掏油和清理，产生的废水、废油和其他生活垃圾应满足环保要求。

（5）厨房液化气使用应设置安全装置，定期检查。

（6）厨房用电设备应定期检查。

2. 参考图例

食品安全信息公示栏示例图如图 2-10 所示，食堂布置示例图如图 2-11 所示。

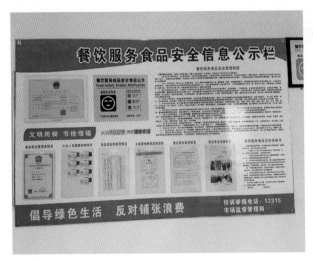

图 2-10 食品安全信息公示栏示例图

图 2-11 食堂布置示例图

第 3 章

智慧工地基础设施标准化

本章内容依据国家电网有限公司"六精四化"管理要求和《抽水蓄能电站工程数字化建设工作规范》制定，各项目应积极推进抽水蓄能电站基建数字化建设，加快企业数字化转型。抽水蓄能电站智慧建造示例图如图 3-1 所示。

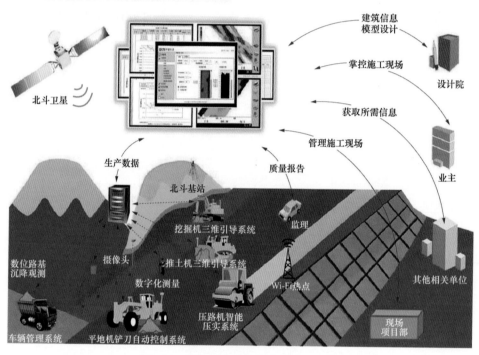

图 3-1 抽水蓄能电站智慧建造示例图

3.1 安全体验馆

1. 布置及功能要求

（1）现代化一站式安全体验馆采用"视、听、体验"相结合，集"智能安全体验、实体安全体验、虚拟现实技术（VR）与互联网培训教室"等功能于一体，打造深层次、多手段、全方位立体式的安全培训，让教学更简单，让培训更有吸引力，让知识更易懂，进一步提升培训效果。

（2）安全体验馆的设计应满足高质量安全培训工作需求，充分体现体验馆的应用价值，实现电站全员安全培训，构建共享型安全教育培训环境。

（3）通过信息化管理手段，将各个培训项目有机串联，实现信息化培训管理，更好实现安全体验馆高效运转。安全体验场馆信息化管理系统应具备安全体验人员管理板块（包括安全培训体验考勤、培训计划等）、培训体验过程管理板块（包括安全培训体验大纲、体验线路等）、培训内容管理板块（对培训内容和体验功能区进行管理）、安全培训档案管理板块（人员素质档案、培训记录管理）。

（4）安全培训教室应包含多媒体安全培训（立式终端机）、多人 VR 同步安全体验（立式终端机和 VR 眼镜）、事故案例警示展板、安全文化理念展板、安全规章制度等展板。VR 体验室应包含动感 VR 体验、互动 VR 体验、安全游戏学习体验、安全知识互动问答体验以及 VR 宣传展板。

（5）安全体验区应包含场馆入场须知和简介（展板）、实物展示、风险体验、应急救援体验等多项有针对性的体验内容。

2. 设施布置参考图例

一站式安全体验馆示例图如图 3-2 所示，安全体验区示例图如图 3-3 所示，安全实操体验区示例图如图 3-4 所示。

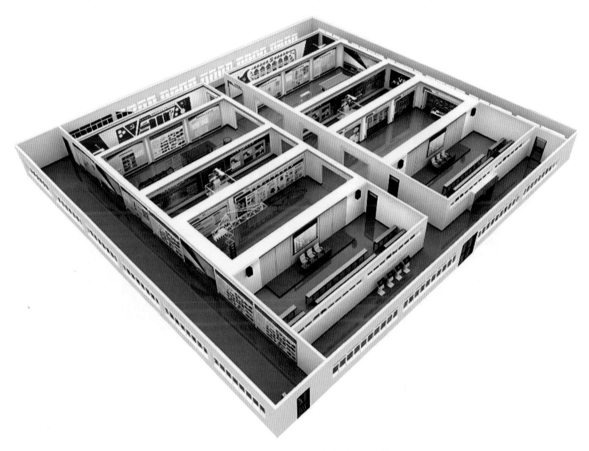

图 3-2　一站式安全体验馆示例图

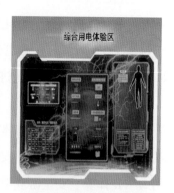

图 3-3　安全体验区示例图

图 3-4　安全实操体验区示例图

3.2　安全培训系统

1. 规范要求

本节依据电力行业安全教育培训要求制定，各参建施工单位应严格落实入场安全教育培训。

2. 功能要求

（1）考勤机用于安全体验馆人员培训考勤记录，培训人员使用人脸或指纹进行培训签到签退，完成相关记录留档。

（2）智慧触摸屏等用于安全体验馆人员培训记录显示、信息资料查询等，结合培训打卡记录，自动生成培训时长、培训视频、培训图像等培训信息，完成培训记录留档。

（3）摄像头在人员集中培训室两侧安装，用于培训过程中培训影像及培训照片采集，进行培训影像留档。

3. 参考图例

安全培训现场应用场景示例图如图 3-5 所示。

图 3-5　安全培训现场应用场景示例图

3.3　人员设备准入管理

1. 规范要求

本节依据实名制管理要求制定，各参建单位应依据合同要求配合建管单位开展人员和设备安全准入工作。

2. 布置及功能要求

（1）预进场扫码牌，用于人员预进场时使用手机基建系统 App 扫描预进场二维码从而登记个人信息，提升进场人员备案的及时性。

（2）智能交互终端，用于采集人员实名认证信息（指纹、人脸、电子签名），为其他业务应用提供数据支撑。

（3）制卡机用于人员施工现场工作证制证，提升现场资源信息核查。

（4）车辆、设备制证，需在系统中形成电子版证件并打印出来塑封。

3.参考图例

人员预进场登记示例图如图 3-6 所示，设备管理示例图如图 3-7 所示。

图 3-6　人员预进场登记示例图

图 3-7　设备管理示例图

3.4　基建智慧管控中心

3.4.1　总体要求

（1）本节依据国家电网有限公司水电站安全监控相关要求制定，各参建施工单位应按要求落实基建安全智慧管控。

（2）对施工现场的重点区域和高风险作业区域进行实时监控，场内管理人员可实时查看监控画面，掌握现场安全状态。

（3）集成视频监控及位置自动识别系统、人员车辆识别系统、应急广播系统等各应用系统，形成一个综合性的智慧安全管控平台，实现集中管理、互联互通、多业务融合等功能。

（4）人员安全准入管控通过人脸、指纹、智能卡等识别方式，对工地人员出入进行动态管控。包括人员实名认证、特种证书认证、工种认证等，实现人员与作业票、工作任务、风险作业面的整体联动。

（5）视频智能违章分析识别通过工地监控摄像头获取现场视频源，对视频数据分析比对，智能、高效、科学识别和查纠违章，减少安全事件发生。

（6）要积极推动风险智能识别，对施工现场作业规范、警示标牌、设备放置、烟火防范等风险隐患进行预警。

3.4.2　施工现场网络建设

施工现场网络建设主要承载数字化智能电站建设和工程智能建造，应在项目开工后第一时间内完成网络建设。网络系统分为有线网络系统和无线网络系统。

3.4.2.1　有线网络系统

1. 布置及功能

（1）有线网络系统由核心主交换机、区域交换机、接入交换机、前端网络设备箱、光纤收发器，以及光缆等设备材料组成。

（2）在业主营地部署核心交换机，在地下厂房、地面开关站、主变压器洞、尾闸洞、上水库、下水库等主要区域部署区域交换机，通过主干光缆连接构成星形网络。区域内视频摄像机、门禁道闸、无线基站等用光纤就近接入。

（3）有线网络的布线，对骨干网络光缆在空旷地利用已建施工供电线路杆塔架空敷设和自立杆架空敷设；在地下厂房采用电缆沟敷设和桥架敷设相结合的方式；业主营地内光缆采用电缆沟敷设、管道敷设和桥架敷设，严禁架空；各类洞室的光缆采用和现场管路电线一起架设，光缆终端不能离施工掌子面太近，要有相关提示标语或安全防护设施；采用管道敷设的光缆在线路沿线布设 LOGO 标识或者印有"下有光缆　严禁开挖"字样的水泥桩。

（4）系统应能为各个系统划分虚拟专用局域网，限定各个系统的占用带宽、端口通信速率。

（5）系统支持环形、星形、总线形灵活组网方式。宜采用星形以太网作为主干网，洞室内采用以太环网形成环状连接，并具备断网自愈能力。

2. 参考图例

光缆架空方式示例图如图 3-8 所示，管道敷设方式示例图如图 3-9 所示，电缆沟敷设方式示例图如图 3-10 所示，桥架敷设方式示例图如图 3-11 所示，光缆埋设警示桩示例图如图 3-12 所示。

图 3-8　光缆架空方式示例图

图 3-9　管道敷设方式示例图

图 3-10　电缆沟敷设方式示例图

图 3-11　桥架敷设方式示例图

3.4.2.2　无线网络系统

1. 布置及功能

（1）抽水蓄能电站施工现场地形复杂、环境多变、范围广大、条件较差，可根据现场实际情况，组建无线专用网络，以使现场信息网络稳定通畅和信息全面覆盖，为系统的快速正常运行提供基础。

（2）需具备网状组网、设备稳定并经过验证、应用的支持、路由功能、漫游功能、自组网功能、多网关备份等功能要求。

（3）无线设备采用立杆敷设的安装方式。立杆规格要求：不锈钢材质，圆形，壁厚不小于 2.5mm；高度 4000mm；地锚固定等；杆体上印有标语、编号等。

图 3-12　光缆埋设警示桩示例图

2. 参考图例

无线设备安装示例图如图 3-13 所示。

图 3-13　无线设备安装示例图

3.4.2.3　参考图例

有线网络、无线网络系统拓扑示例图如图 3-14 所示。

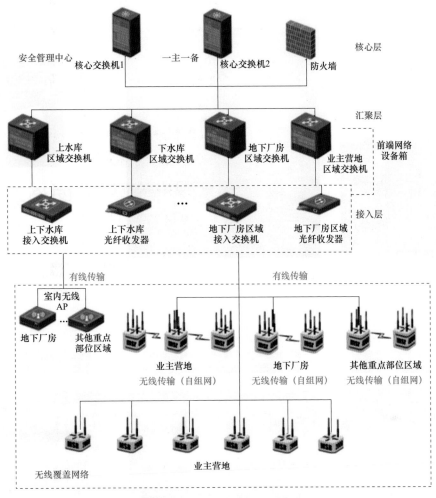

图 3-14　有线网络、无线网络系统拓扑示例图

3.4.3　视频监控及位置自动识别系统

1. 布置及功能要求

（1）在出入口、主要道路、上库、下库、开关站、主厂房、主副厂房、主变压器洞、业主营地等重点区域，宜部署摄像机。

（2）监控立杆为不锈钢材质，壁厚不小于 2.5mm，高度规格依据使用场景确定；含连接法兰、避雷针、接地、检修口、地笼基础等；有标识牌提示，如图像采集区等。

（3）系统具有远程图像传输、远程云台控制、实时图像预览 / 切换 / 轮巡、预置位设置、视频智能分析、视频录像 / 检索 / 回放等功能。

（4）具备可与消防系统、门禁系统、报警系统等联动功能。

（5）智能违章识别告警，通常需具备未戴安全帽、未佩戴安全带、危险区域入侵、周界入侵、人员徘徊、渣土车冒载、货运机动车载人、违规攀爬等识别功能。

2. 参考图例

视频监测站示例图如图 3-15 所示，视频采集提醒示例图如图 3-16 所示，智能 AI 识别违章示例图如图 3-17 所示。

图 3-15　视频监测站示例图　　　　　　　　　　　　图 3-16　视频采集提醒示例图

图 3-17　智能 AI 识别违章示例图

3.4.4　门禁系统

1. 布置及功能要求

（1）门禁主要布置于交通洞、通风兼安全洞、引水上支洞等主要洞室入口处。

（2）车辆道闸应为栅栏式或广告式，用于道路、洞口等部位限制机动车行驶，识别车辆信息的管理设备，一次只允许通过一辆车；人员闸机用于道路、洞口等部位限制人员进出，识别人员信息的管理设备。一次允许通过一人。

（3）施工现场大门应设置为封闭式，在出入口安装智能门禁系统。智能门禁系统采用人脸（含测温）、读卡识别技术，自动识别人员，确保进入施工现场的人员身份信息在册，同时结合安全管理业务平台，以实现智能联动。

（4）以安全准入为主线，将人员实名制准入集成在门禁控制设备上，通过人员授权实现人员准入和门禁权限联动，严控现场人员准入，降低人因事故风险。

（5）通过智能门禁系统联动人员准入条件，防止未经实名制登记、未经教育培训、教育培训学时不够、培训考试不合格人员进入现场，从源头降低安全生产事故发生率。

2. 参考图例

洞口道闸门禁系统示例图如图 3-18 所示，人脸识别闸机示例图如图 3-19 所示。

图 3-18　洞口道闸门禁系统示例图

图 3-19　人脸识别闸机示例图

3.4.5　应急广播系统

1. 布置及功能要求

（1）应急广播和通信系统主要布置于上水库、下水库、地下洞室厂房、交通洞等区域。

（2）系统应实现分级调度管理功能，调度台可以全呼、组呼、选呼各前端应急广播和电话终端，并设置与前端直通热键，同时前端各电话终端呼叫调度台也可直通连接，摘机即可接通现场监控室。

（3）在紧急情况时，按下调度台屏幕上的紧急通话按钮后，可以把语音传递到前端相应线路或标段的所有广播及电话终端中播出，应急广播优先于其他通话方式。

（4）系统应能实现视频联动，工作人员使用前端电话或报警时，基建安全督查中心弹出相应画面，值班人员第一时间了解现场情况。

（5）杆件要求：不锈钢材质，壁厚不小于 2.5mm，高度规格依据使用场景可选（如 4、6、8m 等）；含连接法兰、避雷针、接地、检修口、地笼基础等。

2. 参考图例

应急广播和通信系统架构示例图如图 3-20 所示，应急广播和通信系统示例图如图 3-21 所示。

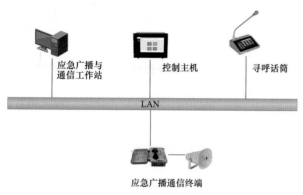

图 3-20　应急广播和通信系统架构示例图　　　　图 3-21　应急广播和通信系统示例图

3.4.6　基建智慧管控中心

1. 布置及功能要求

（1）基建智慧管控中心是基建数字化管控系统安全、质量、进度、造价、环水保等模块各类信息的统一展示和管控平台，可支撑安管中心建设，主要由集成系统数据服务器、集成系统管理服务器、智能分析服务器、人脸识别服务器、融合通信视频服务器、常态安防管理服务器、集成系统工作站、大屏幕、监控台组成。

（2）中心可通过各个子系统信息进行信息采集、统计和分析，对于安全分析、管理决策做出数据支撑，方便系统用户使用，提高系统管理效率。

（3）各项目在永久指挥中心投运前，应根据现场实际情况建设临时指挥中心，宜采用装配式板房、箱式板房、彩钢活动板房，包含临时设备间、监控室两个功能区域。

（4）基建智慧管控中心可与安全督查中心、应急指挥中心统筹建设，建设地点位于办公楼或调度楼内，应包括监控区、会商区、设备间（机房）、休息室等区域，各区域面积宜满足以下要求：

1）监控区：宜设置不小于 20m² 的单独房间，也可设置满足不少于 4 人同时办公的区域，平均每人按 2.2m² 计算；配备必要的办公家具，并与监控大屏保持适当距离。

2）会商区：面积宜按不少于参加突发事件应急处置总人数的半数确定，平均每人按 2.2m² 计算；会商区可为独立房间或安全督查中心中一块独立区域配备必要的办公家具。

3）设备间（机房）：宜设置不小于 8m² 的单独房间，如果设备较多，可按实际需要增加面积。

4）休息室：根据工作实际宜单独设置值班人员休息室，按照双床考虑。

2. 参考图例

临时管控指挥中心示例图如图 3-22 所示，基建智慧管控中心名称示例图如图 3-23 所示。

图 3-22　临时管控指挥中心示例图　　　　图 3-23　基建智慧管控中心名称示例图

3.5　危险源监测系统

3.5.1　车辆测速监测系统

1. 规范要求

本节依据 GB/T 21255《机动车测速仪》、JTG/T 3660《公路隧道施工技术规范》编制。

2. 布置及功能要求

（1）测速装置主要布置于道路转弯或下坡处。

（2）各施工单位安全监督管理部门应定期对区域内测速装置采集的数据进行分析，及时对违章超速车辆进行考核。

3. 参考图例

测速装置示例图如图 3-24 和图 3-25 所示。

3.5.2　扬尘噪声监测系统

1. 规范要求

本节依据 DL/T 799.3《电力行业劳动环境监测技术规范　第 3 部分：生产性噪声监测》编制。

2. 布置及功能要求

（1）扬尘噪声监测仪主要布置于施工区域需要监测的区域。

（2）扬尘噪声监测仪应设置成固定式，设在明显处。

（3）扬尘噪声监测仪所属区域责任单位负责仪器日常维护，并定期进行检查、维护与记录。

（4）发现施工现场的监测超标时，应及时进行相关处理。

3. 参考图例

扬尘噪声监测仪示例图如图 3-26 所示。

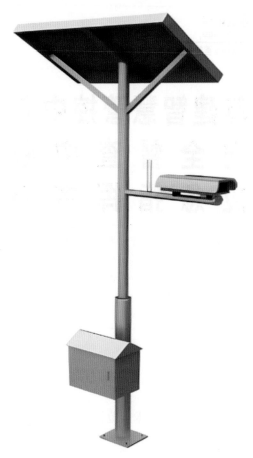

图 3-24 测速装置示例图（一）

图 3-25 测速装置示例图（二）

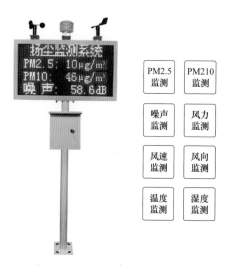

图 3-26 扬尘噪声监测仪示例图

3.5.3 有毒有害气体检测系统

1. 规范要求

本节依据 GB 3095《环境空气质量标准》和 JTG/T 3660《公路隧道施工技术规范》编制。

2. 布置及功能要求

（1）设备应安装在特定的待检测点对特定气体进行检测，并且仪器自带声光报警提醒，能将检测的信号实时传输至显示终端，便于监视。

（2）隧道施工环境较差，应在隧道中安装带防爆、防水防潮的设备，安装位置依据气体密度和泄漏源确定。

（3）气体监测仪所属区域责任单位负责仪器的日常维护，并定期进行检查、维护与记录。

（4）坑道中的氧气含量体积比不低于 20%。

（5）粉尘浓度：每立方米空气中含有 10% 以上游离二氧化硅的粉尘不大于 2mg；含有 10% 以下游离二氧化硅的水泥粉尘不大于 6mg；二氧化硅含量在 10% 以下，不含有毒物质的矿物性和动植物性的粉尘不大于 10mg。

（6）二氧化碳：按体积不超过 0.5%。氮氧化物换算成二氧化氮控制在 $5mg/m^3$ 以下。

3. 参考图例

有毒有害气体检测系统示例图如图 3-27 所示。

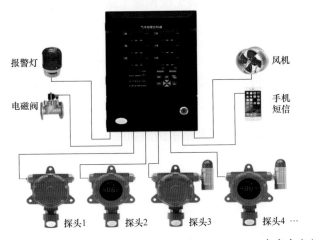 

图 3-27　有毒有害气体检测系统示例图

3.5.4　地质灾害隐患安全监测系统

3.5.4.1　连续运行参考站

1. 规范要求

本节依据 GB/T 28588《全球导航卫星系统连续运行基准站网技术规范》编制。

2. 布置要求

（1）观测环境：

1）距易产生多路径效应的地物（如高大建筑、树木、水体、海滩和易积水地带等）的距离不小于 200m。

2）应有 10° 以上地平高度角的卫星通视条件。

3）距电磁干扰区（如微波站、无线电发射台、高压线穿越地带等）的距离不小于 200m。

4）避开易产生振动的地带。

（2）地质环境：

基准站网的基准站应建立在稳定块体上，避开地质构造不稳定地区（如断裂带、易发生滑坡与沉陷等局部变形地区）和易受水淹或地下水位变化较大的地区。

（3）观测墩：

1）观测墩一般为钢筋混凝土结构，依据基准站建站地理、地质环境，观测墩可分为基岩观测墩、土层观测墩和屋顶观测墩三类。

2）基岩和土层观测墩应高出地面 3m，一般不超过 5m；对于屋顶观测墩，高度应大于 1.5m。

3）基岩和土层观测墩宜建设在观测室内，应高出观测室屋顶面 1.5m 以上，室外部分应加装防护层，防止风雨与日照辐射对观测墩的影响。

4）对于基岩观测墩，内部钢筋与基岩紧密浇注，浇注深度不少于 0.5m。

5）对于土层观测墩，钢筋混凝土墩体应埋于解冻线 2m 以下。

6）对于屋顶观测墩，内部钢筋应与房屋主承重结构钢筋焊接，结合部分不应少于 0.1m。

7）观测墩应浇注安装强制对中标志，并严格整平，墩外壁应加装（或预埋）适合线缆进出硬制管道（钢制或塑料），起保护线路作用。

8）基岩和土层观测墩与地面接合四周应做不少于 50mm 隔振槽，内填粗沙，避免振动影响。

9）基岩和土层观测墩应与观测室或周围房屋的主要结构分离，以免影响观测墩的稳定性。

3. 参考图例

边坡地质灾害安全在线监测示例图如图 3-28 所示，连续运行基准站示例图如图 3-29 所示。

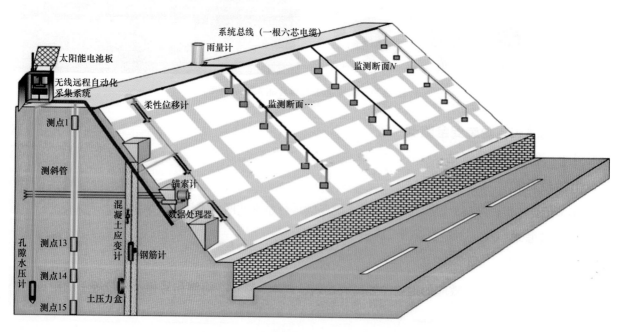

图 3-28　边坡地质灾害安全在线监测示例图

图 3-29　连续运行基准站示例图

3.5.4.2　北斗监测站

1. 规范要求

本节依据 GB/T 18314《全球定位系统（GPS）测量规范》编制。

2. 布置要求

（1）应便于安置接收设备和操作，视野开阔，视场内障碍物的高度角不宜超过 15°。

（2）远离大功率无线电发射源（如电视台、电台、微波站等），其距离不小于 200m；远离高压输电线和微波无线电信号传送通道，其距离不应小于 50m。

（3）附近不应有强烈反射卫星信号的物件（如大型建筑物等）。

3. 参考图例

全球导航卫星系统（GNSS）监测站示例图如图 3-30 所示。

图 3-30　GNSS 监测站示例图

3.5.4.3　裂缝监测站

1. 规范要求

本节依据 GB 50026《工程测量标准》、DL/T 5308《水电水利工程施工安全监测技术规范》编制。

2. 布置要求

（1）裂缝计主要布置于有横、纵向裂缝的灾害体部位，裂缝计本体固定于裂缝的一侧，裂缝的另一侧设置锚固点，锚固点与裂缝计直线跨越裂缝并通过钢绳连接。

（2）裂缝计与另一端的锚固点应远离裂缝 500mm 以上。

3. 参考图例

裂缝监测站示例图如图 3-31 所示。

图 3-31　裂缝监测站示例图

3.5.5　塔机安全监测系统

1. 规范要求

本节依据 DL/T 5282《水电水利工程施工机械安全操作规程　塔式起重机》编制。

2. 布置及功能要求

（1）塔机安全监测系统通过重量、高度、角度、幅度、风速等传感器采集数据，实现安全监控、运行记录和声光报警等功能。

（2）通过远程高速无线数据传输，使驾驶员直观了解塔机工作状态，以便正确操作；安全管理人员可随时查看塔机作业实时动态，实现远程监控、远程报警和远程告知。

（3）通过塔机安全监测系统中的角度传感器、幅度传感器、高度传感器等装置实时记录现场塔机作业状态，工况数据，实时生成各塔机大臂位置图，起吊重量，回转幅度，小车位置，力矩，群塔间碰壁距离，并对碰壁、超载超限等进行预警，实时监测各塔机作业情况。对塔机运行角度、小车幅度、起吊重量、力矩、风速等设置超限预警阈值，当监测数值达到阈值的 90% 时，通过声光报警形式给塔机司机和安全监管人员发送预警信息，及时防范安全生产事故发生。

（4）通过指纹解锁、人脸识别等手段管控塔机操作人员，规避非备案专业人员操作塔机。

3. 参考图例

塔机安全监测管理系统示例图如图 3-32 所示。

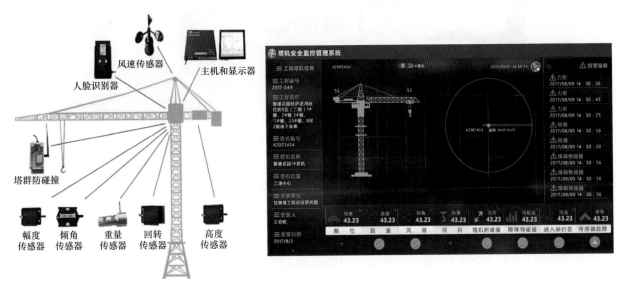

图 3-32　塔机安全监测管理系统示例图

3.5.6　高支模安全监测系统

1. 规范要求

本节依据 GB 55023《施工脚手架通用规范》、GB 51210《建筑施工脚手架安全技术统一标准》等编制。

2. 布置及功能要求

（1）高支模安全监测系统主要功能是通过对高大模板支撑系统的模板沉降、支架变形和立杆轴力的实时监测，实现实时监测、超限预警、危险报警、走势预测等目标。

（2）高支模实时监测警报系统，使用声光报警。当监测值超过预警值时，施工人员在作业时能从机器上读取预警信号。监测单位及时通知现场项目负责人和监理人员，排除影响安全的不利因素。安装在现场的警报器发出警报声，通知现场作业人员停止施工，迅速撤离。

（3）能实现 24h 实时监测。在现场混凝土浇筑时，需提供高频率采样。

3. 参考图例

高支模安全监测系统示例图如图 3-33 所示。

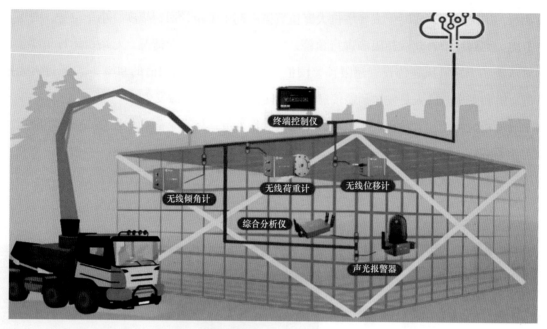

图 3-33　高支模安全监测系统示例图

3.6　安全风险智能管控

1. 规范要求

本节依据 GB/T 35290《信息安全技术　射频识别（RFID）系统通用安全技术要求》、GB/T 39264《智能水电厂一体化管控平台技术规范》等要求进行编制。

2. 布置及功能要求

（1）实现在线开票。作业票在开票阶段，工作人员利用移动 App 或 PC 端线上开展开票业务，在选取施工人员时进行身份证校验来调取人员电子签名；在续票阶段，作业票可直接继承上月作业票基本信息；施工作业票上可利用手机 App 扫码功能扫描二维码查询此作业面作业票关联信息。

（2）实现 App 扫码到岗管控。施工作业面竖立风险作业管控表，显示不同负责人到岗频次要求，人员在现场到岗到位时采取手机 App 扫码到岗登记，可在线查票及到岗到位记录查询。

（3）施工部位人员监控。人员与射频识别（RFID）电子标签绑定，应用 RFID 射频设备识别技术，在高风险作业地点，布设 RFID 射频识别设备两台，一台用于识别进场人员，另一台用于识别出场人员。安全帽内嵌入 RFID 发射器，用于作业人员唯一身份标识。达到人员进出作业面无感、无触摸采集，实时统计在场人员数量。

3. 参考图例

风险管控管理系统监控示例如图 3-34 所示。

图 3-34 风险管控管理系统监控示例图

3.7 安全巡检系统

1. 规范要求

本节依据 NB/T 11096《水电工程安全隐患判定标准》及国家电网有限公司安全巡查管理要求编制。

2. 布置及功能要求

（1）业主、监理、施工单位在统一平台上协同管理，通过 App 对现场问题进行采集、拍照记录，责任单位及时落实整改，发布整改照片，形成整改闭环。

（2）配置手机或平板工具现场进行数据采集，办公区域配置台式机电脑终端协同审核及台账打印。

（3）要实现对质量检查各类问题及时发现、反馈、整改和意见批复的功能，提高工作效率，并为现场沟通提供平台。

3. 参考图例

通过手机、平板工具实现安全巡检示例图如图 3-35 所示。

图 3-35 通过手机、平板工具实现安全巡检示例图

3.8 大坝碾压监控

1. 规范要求

本节依据 DL/T 1134《大坝安全监测自动采集装置》、DL/T 11558《大坝安全监测系统运行维护规程》、DL/T 2204《水电站大坝安全现场检查技术规程》等要求进行编制。

2. 布置及功能要求

（1）差分基准站安装在大坝制高点附近，将定位差分数据实时传递给碾压车移动站，修正移动站采集的定位数据，将碾压车作业的空间位置精确度提高到厘米级，确保监测的精准性。硬件设施主要由定位差分主机、无线电台和定位天线等组成。

（2）车载移动站监控设备安装至碾压车上，实时采集碾压车的空间位置、速度和时间、激振力等信息，通过专用网络储存并上传至服务器中，施工人员实时查看碾压施工全过程数据。硬件设施主要由定位主机、定位天线、振动传感器、报警灯及工业平板计算机等组成。

（3）数据传输专用网络设备搭建在大坝碾压监测范围周围，使现场移动站与现场分控中心服务器数据互通。硬件设施主要由双模天线一体化通信设备、工业级车载一体化通信设备、单晶硅太阳能供电设备、路由器等组成。

（4）监控中心设备用于碾压施工规划、数据储存、远程实时监控、施工作业指导及纠正碾压过程中出现的质量偏差等。硬件设施主要由服务器、计算机、显示器、UPS 等组成。

（5）手持移动设备含边界测量设备和现场监控手机（或平板）。边界测量设备用于施工作业面的坐标信息采集，实时上传采集信息，建立快速、便捷的施工区域创建及规划方式；监控手机实时掌握现场碾压质量情况。硬件设施主要由手持式终端、边界测量设备等组成。

3. 参考图例

大坝碾压智能监控系统总体部署示例图如图 3-36 所示，车载移动站监控设备示例图如图 3-37 所示，现场分控中心室外示例图如图 3-38 所示。

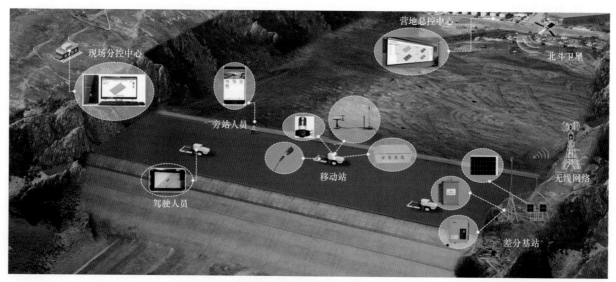

图 3-36　大坝碾压智能监控系统总体部署示例图

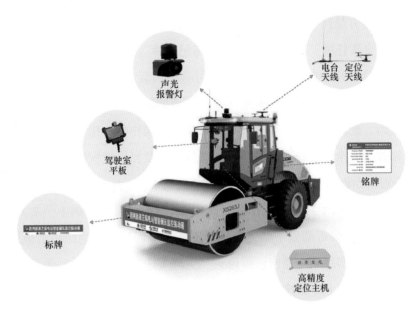

图 3-37 车载移动站监控设备示例图

图 3-38 现场分控中心室外示例图

3.9 灌浆监测

1. 规范要求

本节依据 DL/T 5148《水工建筑物水泥灌浆施工技术规范》、SL/T 62《水工建筑物水泥灌浆施工技术规范》等要求进行编制。

2. 布置及功能要求

（1）地面灌浆记录室使用可移动式全封闭房屋，面积 5～6m²，可以容纳 2～3 人工作，四角支撑，离地间隙 10cm 以上。室内单门双窗、绝缘防滑地面，配有或设置外部供电接入口、控制电箱、照明灯具、多组墙体插座、摄像头、空调（选配）、操作台、灌浆记录仪、操作规范、巡检记录、校准记录等。室外上方悬挂"灌浆记录室"铭牌及安全标志牌，墙体醒目处悬挂"灌浆操作规程牌""管理目标牌""安全责任牌""安全文明施工设施纪律牌"。

（2）地面灌浆设备区使用半封闭工作棚，面积可容纳两套灌浆设备（灌浆泵、搅拌桶、密度桶、流量计、非接触智能灌浆监测装置等），多角支撑，离地间隙10cm以上。工作棚设有防雨顶棚、防滑地面、绝缘电缆挂钩、配电控制箱、照明灯具、摄像头、操作台、比重计、工具箱等。棚身上方悬挂"灌浆设备区"铭牌及安全标志牌，棚身醒目处悬挂"灌浆操作规程牌""管理目标牌""安全责任牌""安全文明施工设施纪律牌"。

（3）洞内灌浆记录室使用半封闭式工作棚，面积 $2\sim4m^2$，可以容纳 $1\sim2$ 人工作，四角支撑，离地间隙100mm以上，洞内靠近墙壁一侧处布置。工作棚单门双窗、绝缘防滑地面，配有或设置外部供电接入口、照明灯具、多组桌面插座、摄像头、空调（选配）、操作台、灌浆记录仪、操作规范、巡检记录、校准记录等。门口上方悬挂"灌浆记录室"铭牌。

（4）洞内灌浆设备区使用敞开式工作区，防护围栏划定区域边界，面积可容纳两套灌浆设备（灌浆泵、搅拌桶、密度桶、流量计、非接触智能灌浆监测装置等），搭建地面，离地间隙10cm以上，洞内靠近墙壁一侧处布置，区域内设有防护围栏、防滑地面、绝缘电缆挂钩、配电控制箱、照明灯具、摄像头、操作台、比重计、工具箱等。工作区防护围栏悬挂"灌浆操作规程牌""管理目标牌""安全责任牌""安全文明施工设施纪律牌"。

（5）灌浆监测站周围合适位置设置应急物资、防汛物资、消防器材等。

3.尺寸及材质要求

（1）地面灌浆记录室为彩钢岩棉夹心可移动式标准房，房屋整体颜色为国网绿色，主轮廓涂有黄色及黑色线漆防碰撞标识。屋顶铭牌框架面板边框采用方钢管，面板底板为3mm厚铝板，面板文字（或图画）贴膜为车身贴覆亚膜或优质宝丽布，油墨喷绘。

（2）地面灌浆设备区棚体采用脚手架钢管搭建，棚体宜采用彩钢瓦，颜色为国网绿色，主轮廓涂有黄色及黑色线漆标识。棚顶铭牌框架面板边框采用方钢管，面板底板为3mm厚铝板，面板文字（或图画）贴膜为车身贴覆亚膜或优质宝丽布，油墨喷绘。

（3）洞内灌浆记录室棚体采用钢管搭建，棚顶及围挡宜采用彩钢瓦，颜色为国网绿色。

（4）洞内灌浆设备区地面采用钢管及木板搭建，防护围栏采用钢管材质，结构尺寸按通用标准制作。

4.参考图例

灌浆监控系统示例图如图3-39所示，地面灌浆监测站布置示例图如图3-40所示，洞内灌浆监测站布置示例图如图3-41所示。

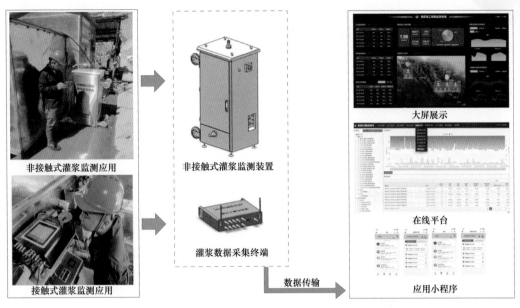

非接触式灌浆监测应用

接触式灌浆监测应用

非接触式灌浆监测装置

灌浆数据采集终端

数据传输

大屏展示

在线平台

应用小程序

图 3-39　灌浆监控系统示例图

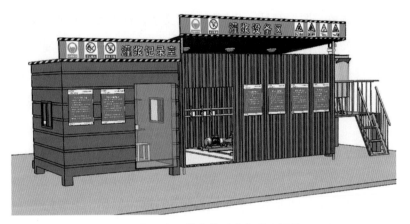

图 3-40　地面灌浆监测站布置示例图

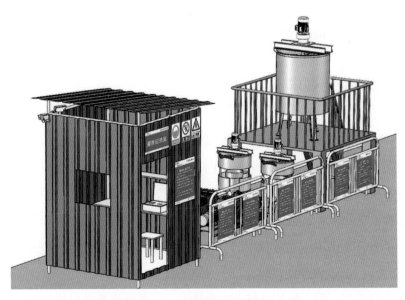

图 3-41　洞内灌浆监测站布置示例图

安全标志制作规范

A.1 安全标志的种类划分

安全标志主要分为警告标志、禁止标志、指令标志和提示标志四大类型。

A.2 安全标志的设置规范

（1）安全标志所用的颜色、图形符号、几何形状、文字，标志牌的材质、表面质量、衬边及型号选用、设置高度、使用要求，应符合 GB 2894《安全标志及其使用导则》的规定。

（2）安全标志应设置在与安全有关的明显地方，并保证人们有足够的时间注意其所表示的内容。

（3）设立于某一特定位置的安全标志应安装牢固，保证其自身不会产生危险，所有的标志均应具有坚实的结构。

（4）当安全标志被置于墙壁或其他现存的结构上时，背景色应与标志上的主色形成对比色。

（5）多个标志在一起设置时，应按照警告、禁止、指令、提示的顺序，先左后右、先上后下地排列，且应避免出现相互矛盾、重复的现象。也可以根据实际情况，使用多重标志。

（6）安全标志牌的固定方式分为附着式、悬挂式和柱式三类，附着式和悬挂式的固定应稳固不倾斜，柱式的标志牌和支架应连接牢固。临时标志牌应采取防止脱落、移位措施。室外悬挂的临时标志牌应防止被风吹翻，宜做成双面的标志牌。

A.3 安全标志牌的使用要求

（1）安全标志牌应设在与安全有关场所的醒目位置，并与生产现场危险因素相关，便于进入现场的人员发现，并有足够的时间来注意其所表达的内容。环境信息标志宜设在有关场所的入口处和醒目处；局部信息应设在所涉及的相应危险地点或设备（部件）的醒目处。

（2）安全标志牌设置的高度尽量与人的视线高度相一致，悬挂式和柱式的环境信息标志牌的下缘距地面的高度不宜小于 2m，局部信息标志牌的设置高度应视具体情况确定。安全标志牌的平面与视线夹角应接近 90°，观察者位于最大观察距离时，最小夹角不低于 75°。

（3）标志牌不应设在门、窗、架等可移动的物体上，以免标志牌随母体物体相应移动，会造成对标志观察变得模糊不清，影响认读。标志牌前不得放置妨碍认读的障碍物。

（4）安全标志牌的尺寸与观察距离的关系应符合 GB/T 2893.1《图形符号 安全色和安全标志 第 1 部分：安全标志和安全标记的设计原则》的规定，当安全标志牌的观察距离不能覆盖整个场所面积时，应设置多个安全标志牌。

（5）安全标志牌应定期检查，如发现破损、变形、褪色等不符合要求时，应及时修整或更换。修整或更换时，应有临时的标志替换。

（6）生产场所、构（建）筑物入口醒目位置，应根据内部设备、介质安全要求，按设置规范设置相应的安全标志牌，如"未经许可不得入内""禁止烟火""必须戴安全帽"等。

（7）各设备室入口，应根据内部设备、电压等级等具体情况，在醒目位置按设置规范设置相应的安全标志牌。如中央控制室、继电保护室、通信室、自动装置室应设置"未经许可不得入内""禁止烟火"；继电保护室、自动装置室应设置"禁止开启无线移动通信设备"；高压配电装置室应设置"未经许可不得入内""禁止烟火"；设备室、电缆夹层等区域应设置"禁止烟火""注意通风"等。

（8）生产现场存在典型危险点的部位应设置危险点警示牌。

多个标志牌设置顺序示例图如图 A-1 所示。

图 A-1 多个标志牌设置顺序示例图

安全标志设置说明

本附录依据 GB 2894《安全标志及其使用导则》编制。

安全标志附着式设置时，底边距地面 1500mm 高，悬挂式和柱式的环境信息标志牌下缘距地面的高度不宜小于 2000mm，局部信息标志的设置高度应视具体情况确定，其中，标志种类代号 HJ 为环境信息标志，JB 为局部信息标志。

B.1 禁止标志

常用禁止类标志牌设置位置见表 B-1。

表 B-1 常用禁止类标志牌设置位置

编号	禁止标志牌图例	标志牌名称	标志牌种类	设置范围和地点
B1-1		禁止伸入	HJ	设备传动部位、带电设备、冷热部位等区域
B1-2		禁止转动	HJ	设备法兰开关、阀门开关、设备转动部件等区域
B1-3		禁止堆放	HJ	电力设施下方以及近处，消防器材存放处，消防通道、安全通道、吊物通道等区域
B1-4		禁止吸烟	HJ	规定禁止吸烟的场所

编号	禁止标志牌图例	标志牌名称	标志牌种类	设置范围和地点
B1-5	禁止烟火	禁止烟火	HJ	主控制室、继电保护室、蓄电池室、通信室、计算机室、自动装置室、变压器室、配电装置室、检修、试验工作场所、电缆夹层、竖井、隧道入口、易燃易爆品存放点、油库（油处理室）、加油站等处。设置此标志后可不设"禁止吸烟"标志
B1-6	禁止带火种	禁止带火种	HJ	油库（油处理室）、储存易燃易爆物品仓库。设置此标志后可不设"禁止烟火"和"禁止吸烟"标志
B1-7	禁止用水灭火	禁止用水灭火	HJ	变压器室、配电装置室、继电保护室、通信室、静止变频装置（SFC）室、自动装置室、油库等处（有隔离油源设施的室内油浸设备除外）
B1-8	禁止放易燃物	禁止放易燃物	HJ	具有明火装置或高温的作业场所，如动火区、各种焊接、切割场所
B1-9	禁止合闸	禁止合闸	JB	控制室内已停电检修（施工）设备的电源开关或合闸按钮上；已停电检修（施工）的断路器和隔离开关的操作把手上。控制屏上的标识牌可根据实际需要制作，可以只有文字，没有图形
B1-10	禁止叉车和厂内机动车辆通行	禁止叉车和厂内机动车辆通行	HJ、JB	禁止叉车和其他厂内机动车辆通行的场所
B1-11	禁止靠近	禁止靠近	JB	不允许靠近的危险区域，如高压试验区、高压线附近

编号	禁止标志牌图例	标志牌名称	标志牌种类	设置范围和地点
B1-12	未经许可禁止入内	未经许可禁止入内	JB	易造成事故或对人员有伤害的场所。如主控室、网控室；计算机室、通信室、调度室、变电站、施工区域禁止外来人员出入口的门上以及各种污染源等入口处
B1-13	禁止停留	禁止停留	HJ	对人员具有直接危害的场所。如高处作业现场、危险路口、起重吊装作业现场等处
B1-14	禁止通行	禁止通行	HJ、JB	有危险的作业区域入口或安全遮栏等处，如起重、爆破作业现场
B1-15	禁止跨越	禁止跨越	JB	不允许跨越的深坑（沟）、安全遮栏（围栏、护栏、围网）等处
B1-16	禁止攀登	禁止攀登	JB	不允许攀爬的危险地点，如有坍塌危险的建筑物、构筑物、设备等处
B1-17	禁止依靠	禁止倚靠	JB	不能倚靠的地点或部位，如电梯轿门等、楼道旁栏杆
B1-18	禁止触摸	禁止触摸	JB	禁止触摸的设备或物体附近。如裸露的带电体、炽热物体、具有毒性、腐蚀性物体附近；禁止触摸的机电设备按钮、设备盘柜及重要的施工机械按钮或可能发生意外伤害的施工现场

编号	禁止标志牌图例	标志牌名称	标志牌种类	设置范围和地点
B1-19	禁止抛物	禁止抛物	JB	交叉作业场所及抛物易伤人的地点，如高处作业现场、脚手架、高边坡支护作业、深沟（坑）处等
B1-20	禁止游泳	禁止游泳	JB	禁止游泳的区域，如水库、水渠、下游河道沿岸等处
B1-21	禁止钓鱼	禁止钓鱼	JB	禁止钓鱼的区域。如电站河道旁、水库等区域
B1-22	禁止启动	禁止启动	JB	暂停使用的设备附近，如设备检修、更换零件等
B1-23	禁止操作有人工作	禁止操作有人工作	JB	一经操作即可送压、建压或使设备转动的隔离设备的操作把手、控制按钮、启动按钮上
B1-24	禁止乘人	禁止乘人	JB	乘人易造成伤害的设施，如室外运输吊篮，禁止乘人的升降吊笼、升降机入口门旁，外操作的载货电梯框架等
B1-25	禁止戴手套	禁止戴手套	JB	钻床、车床、铣床等机加工设备旁醒目位置

编号	禁止标志牌图例	标志牌名称	标志牌种类	设置范围和地点
B1-26		禁止使用无线电通信	JB	易发生火灾、爆炸场所以及可能产生电磁干扰的场所，如继电保护室、自动装置室和加油站、油库以及其他需要禁止使用的地方

B.2 警告标志

常用警告类标志牌设置位置见表 B-2。

表 B-2　　　　　　　　　　　常用警告类标志牌设置位置

编号	警告标志牌图例	标志牌名称	标志牌种类	设置范围和地点
B2-1		注意安全	HJ、JB	易造成伤害的场所及设备等区域
B2-2		注意防尘	HJ、JB	产生粉尘的作业场所
B2-3		当心铁屑伤人	HJ、JB	机械加工场所
B2-4		当心有毒气体	HJ、JB	出线开关室、施工期油漆存放地址等会产生有毒物质场所的入口处、存储剧毒物品的容器上或场所外的显眼位置

续表

编号	警告标志牌图例	标志牌名称	标志牌种类	设置范围和地点
B2-5		当心火灾	HJ、JB	易发生火灾的危险场所，如木工加工厂、仓库存储区、材料堆放区、油库、氧气乙炔存放区等重点防火部位周围；可燃性物质的生产、储运、使用等地点
B2-6		当心爆炸	HJ、JB	易发生爆炸危险的场所，如易燃易爆物质的存储、使用或受压容器等地点
B2-7		当心腐蚀	HJ、JB	存放和装卸酸、碱等腐蚀物品的场所；装有酸、碱等腐蚀物品的容器上
B2-8		当心中毒	HJ、JB	出线开关室、施工期油漆存放地址等会产生有毒物质场所的入口处、存储剧毒物品的容器上或场所外的显眼位置
B2-9		当心触电	JB	有可能发生触电危险的电气设备和线路，如变电站、出线场、配电装置室、变压器室等入口，开关柜，变压器柜，临时电源配电箱门，检修电源箱门等处
B2-10		止步高压危险	JB	带电设备固定围栏上；高压危险禁止通行的过道上；室外带电设备构架上；室外工作地点的安全围栏上；室外带电设备固定围栏上；因高压危险禁止通行的过道上；工作地点临近带电设备的横梁上
B2-11		当心机械伤人	JB	易发生机械卷入、轧压、碾压、剪切等机械伤害的作业地点

编号	警告标志牌图例	标志牌名称	标志牌种类	设置范围和地点
B2-12		当心塌方	HJ、JB	有塌方危险的区域，如堤坝、边坡及土方作业的深坑、深槽等处
B2-13		当心坑洞	JB	施工或生产现场和通道临时开启或挖掘的孔洞四周的围栏等处，如施工期坑洼不平路段行人较多地段、电梯井口等
B2-14		当心落物	JB	易发生落物危险的地点，如厂房起重、高处作业、地质条件不稳定的洞室及立体交叉作业的下方等处
B2-15		当心碰头	JB	易产生碰头风险的场所
B2-16		当心烫伤	JB	具有热源易造成伤害的作业地点
B2-17		当心车辆	JB	施工或生产场所内车、人混合行走的路段，道路的拐角处、平交路口，车辆出入较多的厂房、停车场、场所出入口等处
B2-18		当心坠落	JB	易发生坠落事故的作业地点，如脚手架、高处平台、地面的深沟（池、槽）等处

编号	警告标志牌图例	标志牌名称	标志牌种类	设置范围和地点
B2-19		当心滑跌	JB	易造成伤害的滑跌地点，如地面有油、冰、水等物质及滑坡处
B2-20		当心落水	JB	落水后可能产生淹溺的场所或部位，如水库、消防水池、施工区域积水坑洞、坑槽等
B2-21		当心电离辐射	HJ、JB	产生辐射危害的场所，放射源、放射源存放点和使用放射源进行金属探伤作业的现场周围
B2-22		当心冒顶	JB	有冒顶危险的区域，如地下洞室顶拱，尤指经勘查存在不利地质构造且地下水丰富区域
B2-23		当心吊物	JB	有吊装设备作业的场所，如施工工地塔机、门式起重机、桥式起重机、起重机、汽车吊、机电安装阶段厂房安装间等处
B2-24		当心飞溅	JB	焊接切割作业、钢筋切割机、砂轮打磨作业周围
B2-25		当心有限空间	JB	标志应设置在有限空间入口处的醒目位置，避免人员的误入及给予需进入作业的人员足够的警醒提示。当存在多个入口时，应在每一个入口处分别设置有限空间警告标志

B.3 指令标志

常用指令类标志牌设置位置见表B-3。

表 B-3　　　　　　　　　　　　　　　　　常用指令类标志牌设置位置

编号	指令标志牌图例	标志牌名称	标志牌种类	设置范围和地点
B3-1		必须持证上岗	HJ、JB	电焊作业、起重机作业、高处作业等特种作业区域
B3-2		必须穿防护服	HJ、JB	具有放射、微波、高温及其他需穿防护服的作业场所
B3-3		必须戴防护眼镜	HJ、JB	车床、钻床、砂轮机旁；焊接和金属切割场所等区域；化学处理、使用腐蚀或其他有害物质的场所
B3-4		必须戴安全帽	HJ	生产场所主要通道入口处，以及起重吊装处等
B3-5		必须系安全带	HJ、JB	易发生坠落危险的作业场所，如在高处从事建筑、检修、安装等作业
B3-6		注意通风	HJ、JB	作业涵洞、电缆隧道、地下洞室入口处；密闭工作入口；出线开关室、蓄电池室、油化实验室入口处及其他需要通风的地方；密闭空间作业或氧气浓度较低的区域
B3-7		必须戴防护手套	HJ、JB	易伤害手部的作业场所，如具有腐蚀、污染、灼烫、冰冻及触电危险的作业等处

续表

编号	指令标志牌图例	标志牌名称	标志牌种类	设置范围和地点
B3-8		必须戴防护帽	HJ、JB	易造成人体碾绕伤害或有粉尘污染头部的作业场所,如旋转设备场所、加工车间入口等处
B3-9		必须戴护耳器	HJ、JB	噪声超标的作业场所,例如空气压缩机室、户外或洞内钻孔作业
B3-10		必须戴防尘口罩	HJ、JB	施工过程中易产生粉尘、烟尘等有害气体超标的场所,例如施工期地下厂房、主变压器洞、尾水洞、通风洞等区域
B3-11		必须戴防毒面具	HJ、JB	存在有毒气体区域或普通防尘口罩无法防护的区域

B.4 提示标志

常用提示类标志牌设置位置见表 B-4。

表 B-4   常用提示类标志牌设置位置

编号	指令标志牌图例	标志牌名称	标志牌种类	设置范围和地点
B4-1		避险处	JB	发生突发事件时用于容纳危险区域疏散人员的场所,如回车场、洞室口、平地等区域
B4-2		急救药箱	JB	办公室、值班室、作业现场等场所

编号	指令标志牌图例	标志牌名称	标志牌种类	设置范围和地点
B4-3		可动火区	JB	划定的可使用明火的地点
B4-4	在此工作	在此工作	JB	工作地点或检修设备上
B4-5	从此上下	从此上下	JB	工作人员可以上下的通道、铁架、爬梯上
B4-6	从此进出	从此进出	JB	工作地点遮拦的出入口处
B4-7	紧急出口	紧急出口	JB	便于安全疏散的紧急出口处
B4-8		应急避难场所	HJ	发生突发事件时用于容纳危险区域疏散人员的场所，如回车场、洞室口等区域
B4-9		应急电话	JB	安装应急电话的地点

消防标志设置说明

本附录依据 GB 15630《消防安全标志设置要求》、GB 13495.1《消防安全标志 第 1 部分：标志》编制。

C.1 火灾报警装置标志

常用火灾报警装置标志设置位置见表 C-1。

表 C-1　　　　　　　　　常用火灾报警装置标志设置位置

编号	图形标志	名称	设置范围和地点
C1-1		火警电话	标示火警电话的位置和号码，设置于火警电话附近醒目位置
C1-2		消防按钮	标示消防按钮位置，设置于消防按钮附近醒目位置
C1-3		消防电话	标示火灾警报系统中消防电话及插孔的位置，设置于消防电话附近的醒目位置
C1-4		发声警报器	标示发声警报器位置，设置于发声警报器附近醒目位置

C.2 紧急疏散逃生标志

常用紧急疏散逃生标志设置位置见表 C-2。

表 C-2　　　　　　　　　　　　常用紧急疏散逃生标志设置位置

编号	图形标志	名称	设置范围和地点
C2-1		安全出口	提示通往安全场所的疏散出口，根据到达出口的方向，可选用向左或向右的标志
C2-2		滑动开门	提示滑动门的位置及方向，根据门的滑动方向，可选用向左或向右的标志

C.3 灭火设备标志

常用灭火设备标志设置位置见表 C-3。

表 C-3　　　　　　　　　　　　常用灭火设备标志设置位置

编号	图形标志	名称	设置范围和地点
C3-1		推车式灭火器	标示推车式灭火器的位置

编号	图形标志	名称	设置范围和地点
C3-2		手提式 灭火器	标示手提式灭火器的位置
C3-3		地下消火栓	标示地下消火栓的位置
C3-4		地上消火栓	标示地上消火栓的位置

C.4 组合标志

现场常用的消防类组合标志包括但不限于表 C-4 所示类型。

表 C-4 现场常用的消防类组合标志类型

编号	图形标志	名称	应用说明
C4-1		安全双出口	指示向左或者向右都可到达"安全出口"
C4-2		安全出口	指示安全出口在右方
C4-3		消防按钮	指示"消防按钮"在左方或者右方

编号	图形标志	名称	应用说明
C4-4		手提式灭火器	指示"手提式灭火器"在右方或左下方
C4-5		消防电话	指示"消防电话"在左方或者右方

C.5 其他常用消防标志

其他常用的消防标志包括但不限于表 C-5 所示类型。

表 C-5　　　　　　　　　　其他常用消防标志类型

编号	图形标志	名称	设置范围和地点
C5-1		消防疏散图	生产区域通道转弯处、交叉路口、主要出入口等醒目位置
C5-2		防火重点部位	防火重点部位旁醒目处

编号	图形标志	名称	设置范围和地点
C5-3	常闭式防火门 请保持关闭状态 安全出口　禁止阻塞　禁止锁闭　向外推开	常闭式防火门 提示标语	常闭式防火门上醒目位置
C5-4	防火卷帘门按钮　火灾时操作此按钮降下防火卷帘　全民消防　生命至上　手动报警按钮 非警勿动	防火卷帘 / 火 灾报警按钮	防火卷帘 / 火灾报警按钮 旁醒目处
C5-5	灭火器放置点　消防器材严禁挪用、移动、遮挡　灭火器使用方法　1　2　3　4　5　1.提起灭火器　2.拔出保险销　3.按下保险把　4.对准火源根部　5.用力压下手柄扫射　火警电话：119　急救电话：120	灭火器使用 指引	灭火器正面醒目位置

交通标志宜用于施工临时或永久道路转弯地段、上下坡路段、道路与人行交叉口路段、环岛路段、临时道路边坡危险段、易滑路段、通过隧道口及桥梁路段、施工区域道路需绕行段、道路施工影响交通路段、道路分岔口段及其他需要提醒区域等。

常用道路交通标志参照 GB 5768.2《道路交通标志和标线 第 2 部分：道路交通标志》与电源建设相关的标识予以编制，图形禁令标志的直径最小不应小于 500mm，三角形禁令标志的边长最小不应小于 600mm，八角形对角线长度最小不应小于 500mm。

道路交通警告标志颜色为黄底、黑边、黑图案。形状为等边三角形，顶角朝上。

警告标志的尺寸示例如图 D-1 所示，其边长、边宽的最小值根据道路计算行车速度按表 D-1 选取，其效果示例图如图 D-2 所示。

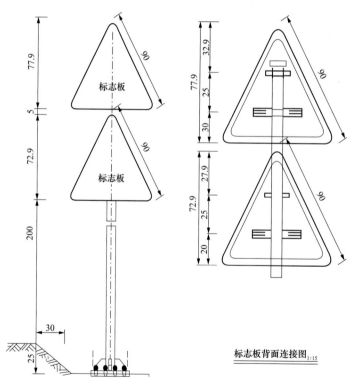

图 D-1 警告标志的尺寸示例图（单位：mm）

D-2 警告标志效果示例图

表 D-1 不同行车速度时警告标志的尺寸代表

速度（km/h）	100～120	71～99	40～70	＜40
三角形变长 A（cm）	130	110	90	70
黑边宽度 B（cm）	9	8	6.5	5
黑边圆角半径 R（cm）	6	5	4	3
衬边宽度 C（cm）	1.0	0.8	0.6	0.4

D.1 警告标志

常用道路交通警告类标志包括但不限于表 D-2 所示类型。

表 D-2 常用道路交通警告类标志

编号	图形标志	名称	配置规范
D2-1		T 形交叉	T 字形标志原则上设在交叉口形状相符的道路上，此标志设在进入 T 字路口以前适当位置
D2-2		T 形交叉	T 字形标志原则上设在交叉口形状相符的道路上，右侧 T 字路口，此标志设在进入 T 字路口以前适当位置

编号	图形标志	名称	配置规范
D2-3		T形交叉	T 字形标志原则上设在交叉口形状相符的道路上，左侧 T 字路口，此标志设在进入 T 字路口以前适当位置
D2-4		十字交叉	除了基本形十字路口，还有部分变异的十字路口，如五路交叉路口、变形十字路口、变形五路交叉路口等，五路以上的路口应按十字路口对待
D2-5		Y 形交叉	设在 Y 形路口以前的适当位置
D2-6		环形交叉	有的环形交叉路口，由于受线形限制或障碍物阻挡，此标志设在面对来车的路口的正面
D2-7		向右急转弯	向右急弯路标志，设在右急转弯的道路前方适当位置
D2-8		向左转弯	向左急弯路标志设在急转弯的道路前方适当位置
D2-9		反向弯路	此标志设在两个相邻的方向相反的弯路前适当位置

续表

编号	图形标志	名称	配置规范
D2-10		连续弯路	此标志设在有连续三个以上弯路的道路以前适当的位置
D2-11		上陡坡	此标志设在纵坡度在 7% 和市区纵坡度在大于 4% 的陡坡道路坡脚位置
D2-12		两侧变窄	车行道两侧变窄主要指沿道路中心线对称缩窄的道路，此标志设在窄路前适当位置
D2-13		下陡坡	此标志设在纵坡度在 7% 和市区纵坡度在大于 4% 的陡坡道路坡顶位置
D2-14		左侧变窄	车行道左侧缩窄，此标志设在窄路以前适当位置
D2-15		右侧变窄	车行道右侧缩窄，此标志设在窄路以前适当位置
D2-16		窄桥	此标志设在桥面宽度小于路面宽度的窄桥以前适当位置

编号	图形标志	名称	配置规范
D2-17		双向交通	双向行驶的道路上，采用天然的或人工的隔离措施，把上下行交通完全分离，由于某种原因（施工、桥、隧道）形成无隔离的双向车道时，须设置此标志
D2-18		注意牲畜	此标志设在经常有牲畜活动的路段，特别是视线不良的路段，布置在路段前适当位置
D2-19		注意儿童	此标志设置在可能有儿童出现的场所或通道外
D2-20		注意行人	一般设置在郊外道路上划有人行横道的前方，城市道路上因人行横道线路较多，可根据实际需要设置
D2-21		注意信号灯	此标志设在不易发现前方位信号灯控制的路口前适当位置
D2-22		注意落石	此标志设置在左侧有落石危险的旁山路段之前适当位置
D2-23		注意落石	此标志设置在右侧有落石危险的旁山路段之前适当位置

编号	图形标志	名称	配置规范
D2-24		注意横风	此标志设在经常有很强的侧风并有必要引起注意的路段前适当位置
D2-25		傍山险路	此标志设在山区地势险要路段，道路右位于陡崖危险的路段以前的适当位置
D2-26		傍山险路	此标志设在山区地势险要路段，道路左侧位于陡崖危险的路段以前的适当位置
D2-27		易滑	此标志设置在路面的摩擦系统不能满足相应行驶速度下要求急刹车距离的路段前适当位置，行驶至此路段应减速慢行
D2-28		堤坝路	此标志设在沿水库、湖泊、河流等堤坝路以前适当位置，表示往前方向道路的左侧靠近水库、湖泊、河流等堤坝
D2-29			
D2-30		村庄	此标志设在不易发现前方有村庄或小城镇的路段以前适当位置

编号	图形标志	名称	配置规范
D2-31		路面不平	此标志设在路面不平的路段以前适当位置
D2-32		渡口	此标志设在汽车渡口以前适当位置，特别是有的渡口地形复杂、道路条件较差、使用此标志能引起驾驶员的谨慎驾驶、注意安全
D2-33		驼峰桥	此标志设在注意前方拱度较大，不易发现对方来车，应靠右侧行驶并应减速慢行
D2-34		隧道	此标志设在进入隧道前的适当位置
D2-35		慢行	此标志设在前方需要减速慢行的路段以前适当位置
D2-36		注意非机动车	此标志设在混合行驶的道路并经常有非机动车横穿、出入的地点以前适当位置
D2-37		事故易发路段	此标志设在交通事故易发路段以前适当位置

编号	图形标志	名称	配置规范
D2-38		过水路面	此标志设在不易发现的道口以前适当位置
D2-39		左右绕行	用以告示前方道路有障碍物，车辆应按标志指示减速慢行绕行通过
D2-40		左侧绕行	用以告示前方道路有障碍物，车辆应按标志指示减速慢行，左侧绕行通过
D2-41		右侧绕行	用以告示前方道路有障碍物，车辆应按标志指示减速慢行，右侧绕行通过
D2-42		注意危险	用以促使车辆驾驶员谨慎慢行
D2-43		施工标志	用以告示前方道路施工，车辆应减速慢行或绕行

D.2　禁令标志

常用道路交通警告类标志包括但不限于表 D-3 所示类型。

表 D-3　　　　　　　　　　　　常用道路交通警告类标志

编号	图形标志	名称	配置规范
D3-1		禁止驶入	表示禁止车辆驶入，设置在禁止驶入的路段入口处
D3-2		禁止通行	表示禁止一切车辆和行人通行，设置在禁止通行的道路入口处
D3-3		禁止机动车通行	表示禁止某种机动车通行，设置在禁止机动车通行的路段出口
D3-4		禁止三轮机动车通行	表示禁止三轮机动车通行，设置在禁止三轮机动车通行的路段入口处
D3-5		禁止载货汽车通行	表示禁止载货汽车通行，设置在载货机动车通行的路段入口处
D3-6		禁止非机动车通行	表示禁止非机动车通行，设置在禁止非机动车通行的路段入口处
D3-7		禁止小型客车通行	表示禁止小型客车通行，设置在禁止小型客车通行的路段入口处

编号	图形标志	名称	配置规范
D3-8		禁止汽车拖行、挂车通行	表示禁止汽车拖、挂车通行，设置在禁止汽车拖、挂车通行的路段入口处
D3-9		禁止大型客车通行	表示禁止大型客车通行，设置在禁止大型客车通行的路段入口
D3-10		禁止畜力车通行	表示禁止畜力车通行，设置在禁止畜力车通行的路段入口处
D3-11		禁止人力货运三轮车通行	表示禁止人力货运三轮车通行，设置在禁止人力货运三轮车通行的路段入口处
D3-12		禁止人力车通行	表示禁止人力车通行，设置在禁止人力车通行的路段入口处
D3-13		禁止人力客运三轮车通行	表示禁止人力客运三轮车通行，设置在禁止人力客运三轮车通行的路段入口处
D3-14		禁止骑自行车下坡	表示禁止骑自行车下坡通行，设置在禁止骑自行车下坡通行的路段入口处

编号	图形标志	名称	配置规范
D3-15		禁止骑自行车上坡	表示禁止骑自行车上坡通行，设置在禁止骑自行车上坡通行的路段入口处
D3-16		禁止向左拐弯	表示前方路口禁止一切车辆向左转弯，设置在禁止向左转弯的路口前适当位置
D3-17		禁止行人通行	表示禁止行人通行，设置在禁止行人通行的路段入口处
D3-18		禁止直行	表示前方路口禁止一切车辆直行，设置在禁止直行的路口前适当位置
D3-19		禁止向右转弯	表示前方路口禁止一切车辆向右转弯，设置在禁止向右转弯的路口前适当位置
D3-20		禁止掉头	表示前方路口禁止一切车辆掉头，设置在禁止掉头的路口前适当位置
D3-21		禁止直行和向左转弯	表示前方路口禁止一切车辆直行和向左转弯，设置在禁止直行和向左转弯的路口前适当位置

续表

编号	图形标志	名称	配置规范
D3-22		禁止直行和向右转弯	表示前方路口禁止一切车辆直行和向右转弯，设置在禁止直行和向右转弯的路口前适当位置
D3-23		禁止向左向右转弯	表示前方路口禁止一切车辆向左或向右转弯，设置在禁止向左向右转弯的路口前适当位置
D3-24		禁止车辆临时或长时间停放	表示在限定的范围内，禁止一切车辆临时或长时间停放，设置在禁止车辆停放的地方，禁止车辆停放的时间、车种和范围可用辅助标志说明
D3-25		禁止车辆长时停放	禁止车辆长时间停放，临时停放不受限制，禁止车辆停放的时间、车种和范围可用辅助标志说明
D3-26		禁止超车	表示该标志至方解除禁止超车标志的路段内，不准机动车超车，设置在禁止超车的路段起点
D3-27		结束禁止超车	表示禁止超车路段结束，设置在禁止超车的路段终点
D3-28		限制高度	表示禁止装载高度超过标志所示数值的车辆通行，设置在最大允许高度受限制的地方

编号	图形标志	名称	配置规范
D3-29		限制宽度	表示禁止装载宽度超过标志所示数值的车辆通行，设置在最大允许宽度受限制的地方
D3-30		禁止鸣喇叭	表示禁止鸣喇叭，设置在需要禁止鸣喇叭的地方，禁止鸣喇叭的时间和范围可用辅助标志说明
D3-31		限制质量	表示禁止总质量超过标志所示数值的车辆通行，设置在需要限制车辆质量的桥梁两端
D3-32		限制轴重	表示禁止轴重超过标志所示数值的车辆通行，设置在需要限制车辆轴重的桥梁两端
D3-33		限制速度	表示该标志至前方限制速度标志的路段内，机动车行驶速度不得超过标志所示数值，此标志设置在需要限制车辆速度路段的起点
D3-34		解除限制速度	表示限制速度路段结束，此标志设在限制车辆速度路段的终点
D3-35		减速让行	表示车辆应减速让行，告知车辆驾驶人应慢行或停车，观察干道行车情况，设于视线良好交叉道路次要道路路口

续表

编号	图形标志	名称	配置规范
D3-36		停车让行	表示车辆应在停车线外停车，确认安全后，才准许通行。通车让行标志在下列情况下设置：①与交通流量较大的干路平交的支路路口；②无人看守的铁路道口；③其他地方
D3-37		停车检查	表示机动车应停车接受检查，此标志设在关卡将近处，以便要求车辆接受检查或缴费等手续，标志中可加注说明检查事项
D3-38		会车让行	表示车辆会车时，应停车让对方车先行，设置在会车有困难的狭窄路段的一端或由于某种原因只能开放一条车道作双向通行路段的一端

D.3　指示标志

常用道路交通警告类标志包括但不限于表 D-4 所示类型。

表 D-4　　　　　　　　　　常用道路交通警告类标志

编号	图形标志	名称	配置规范
D4-1		直行	表示只准一切车辆直行，设置在直行的路口以前适当位置
D4-2		向右转弯	表示只准车辆向右转弯，设置在车辆应向右转弯的路口以前适当位置

编号	图形标志	名称	配置规范
D4-3		向左转弯	表示只准车辆向左转弯，设置在车辆应向左转弯的路口以前适当位置
D4-4		直行和左转弯	表示只准一切车辆直行和向左转弯，设置在车辆应直行和向左转弯的路口以前适当位置
D4-5		直行和右转弯	表示只准一切车辆直行和向右转弯，设置在车辆应直行和向右转弯的路口以前适当位置
D4-6		向左和向右转弯	表示只准一切车辆向左或向右转弯，设置在车辆应向左或向右转弯的路口以前适当位置
D4-7		靠左侧道路行驶	表示只准一切车辆靠左侧道路行驶，设置在车辆应靠左侧行驶的路口以前适当位置
D4-8		靠右侧道路行驶	表示只准一切车辆靠右侧道路行驶，设置在车辆应靠右侧行驶的路口以前适当位置
D4-9		步行	表示该街道只供步行，设置在步行道路的两端

编号	图形标志	名称	配置规范
D4-10		立交直行和右转弯行驶	车辆在立交处可以直行或按图示路线右转弯行驶，设置在立交右转弯出口适当位置
D4-11		环岛行驶	表示只准车辆靠右环行，设置在环岛面向路口来车方向适当位置
D4-12		立交直行和左转弯行驶	车辆在立交处可以直行或按图示路线左转弯行驶，设置在立交左转弯出口适当位置
D4-13		鸣喇叭	机动车行至该标志处应鸣喇叭，设在公路不良路段的起点
D4-14		最低限速	机动车驶入前方道路之最低时速限制，设置在高速公路或其他道路限速路段的起点
D4-15		单行路向左或右指示标志	一切车辆向左或右单向行驶，设置在单行路的路口和入口处适当位置
D4-16		单行道直行	表示一切车辆单行行驶，设置在单行道的路口和入口处的适当位置

续表

编号	图形标志	名称	配置规范
D4-17		人行横道	表示车道的行驶方向，设置在导向车道以前适当位置
D4-18		会车先行	表示会车先行，此标志设在车道以前适当位置
D4-19		干路先行	表示干路先行，此标志设在车道以前适当位置
D4-20		右转车道	表示车道的行驶方向，设置在导向车道以前适当位置
D4-21		直行车道	表示车道的行驶方向，设置在导向车道以前适当位置
D4-22		直行和右转合用车道	表示车道的行驶方向，设置在导向车道以前适当位置
D4-23		分向行驶车道	表示车道的行驶方向，设置在导向车道以前适当位置

续表

编号	图形标志	名称	配置规范
D4-24		允许掉头	表示允许掉头，设置在机动车掉头路段的起点和路口以前适当位置
D4-25		机动车车道	表示该道路或车道专供机动车行驶，设置在道路或车道的起点及交叉路口入口处前适当位置
D4-26		非机动车行驶	表示非机动车行驶，设置在道路或车道的起点及交叉路口入口处前适当位置
D4-27		非机动车行驶	表示该路段或车道专供非机动车行驶，设置在道路或车道的起点及交叉路口处前适当位置
D4-28		机动车行驶	表示机动车行驶，设置在道路或车道的起点及交叉路口入口处前适当位置

本书在编制过程中，参考并引用现行法律法规、规程规范见表 E-1。

表 E-1　　　　　　　　　　　　引用文件

序号	引用文件
一、法律法规	
1	《中华人民共和国特种设备安全法》
2	《特种设备现场安全监察条例》
二、规程规范	
1	GB 15630《消防安全标志设置要求》
2	GB 2894《安全标志及其使用导则》
3	GB 3095《环境空气质量标准》
4	GB 5768.2《道路交通标志和标线　第 2 部分：道路交通标志》
5	GB 50017《钢结构设计标准》
6	GB 50016《建筑设计防火规范》
7	GB 50026《工程测量标准》
8	GB 50057《建筑物防雷设计规范》
9	GB 50148《电气装置安装工程　电力变压器、油浸电抗器、互感器施工验收规范》
10	GB 50149《电气装置安装工程　母线装置施工及验收规范》
11	GB 50150《电气装置安装工程　电气设备交接试验标准》
12	GB 50300《建筑工程施工质量验收统一标准》
13	GB 50303《建筑电气工程施工质量验收规范》
14	GB 51210《建筑施工脚手架安全技术统一标准》
15	GB 55023《施工脚手架通用规范》
16	GB 7231《工业管道的基本识别色、识别符号和安全标识》
17	GB 39800.1《个体防护装备配备规范　第 1 部分：总则》
18	GB 13495.1《消防安全标志　第 1 部分：标志》
19	GB/T 35290《信息安全技术　射频识别（RFID）系统通用安全技术要求》

续表

序号	引用文件
20	GB/T 39264《智能水电厂一体化管控平台技术规范》
21	GB/T 2893.1《图形符号　安全色和安全标志　第 1 部分：安全标志和安全标记的设计原则》
22	GB/T 18314《全球定位系统（GPS）测量规范》
23	GB/T 21255《机动车测速仪》
24	GB/T 26557《吊笼有垂直导向的人货两用施工升降机》
25	GB/T 28588《全球导航卫星系统连续运行基准站网技术规范》
26	GB/T 8564《水轮发电机组安装技术规范》
27	GB/T 14173《水利水电工程钢闸门制造、安装及验收规范》
28	DL/T 1134《大坝安全监测自动采集装置》
29	DL/T 11558《大坝安全监测系统运行维护规程》
30	DL/T 2204《水电站大坝安全现场检查技术规程》
31	DL/T 5148《水工建筑物水泥灌浆施工技术规范》
32	DL/T 5308《水电水利工程施工安全监测技术规范》
33	DL/T 799.3《电力行业劳动环境监测技术规范　第 3 部分：生产性噪声监测》
34	DL/T 5161.1《电气装置安装工程质量检验及评定规程　第 1 部分：通则》
35	DL 5162《水电水利工程施工安全防护设施技术规范》
36	DL/T 5282《水电水利工程施工机械安全操作规程　塔式起重机》
37	DL/T 5370《水电水利工程施工通用安全技术规程》
38	DL/T 5371《水电水利工程土建施工安全技术规程》
39	DL/T 5372《水电水利工程金属结构与机电设备安装安全技术规程》
40	DL/T 5373《水电水利工程施工作业人员安全操作规程》
41	DL/T 5017《水电水利工程压力钢管制造安装及验收规范》
42	JGJ 46《施工现场临时用电安全技术规范》
43	NB/T 10333《水电工程场内交通道路设计规范》
44	NB/T 35005《水电工程混凝土生产系统设计规范》
45	SL/T 62《水工建筑物水泥灌浆施工技术规范》
46	SL 303《水利水电工程施工组织设计规范》
47	SL/T 381《水利水电工程启闭机制造安装及验收规范》
48	JTG/T D81《公路交通安全设施设计细则》

序号	引用文件
49	JTG F90《公路工程施工安全技术规范》
50	JTG/T 3660《公路隧道施工技术规范》
51	DB 14/T 666《公路工程施工安全检查评价规程》
52	NB/T 11096《水电工程安全隐患判定标准》

注　如有更新，以最新的版本为准。